ENGINEERING ETHICS

공학윤리

ENGINEERING ETHICS

공학윤리

이대희 · 이재승 · 정영준 공저

새문사

| 서 문 |

오늘날 지식은 과학적 지식을 의미하고 기술은 인간 힘의 척도가 되고 있다. 르네상스이후로 세계를 정복하고 변화시키려던 프로메테우스의 이상이 점차 철학적 이상을 대신하게 되었다. 이제 철학적 지혜라는 말은 세계에 복종하고 모든 사물을 받아들이며 불행 앞에 체념한다는 의미로 사용되고 있다. 그리고 철학은 이러한 체념을 위한 지적인 도구가 되고 있는 것 같다.

스토아(Stoa) 철학자들은 세계의 흐름을 선하고 신성한 것이라고 가르쳤고, 스피노자(Spinoza)는 원인과 결과의 관계는 필연적이고 논리적이고 피할 수 없는 관계라고 가르쳤다. 그러나 이러한 관점에 대한 변화가 17세기의 데카르트(Descartes)에게서 명백히 나타나고 있다. 데카르트는 스토아학파의 지혜론을 이어받아 '일시적 도덕'을 수립하였다. "세계의 질서를 변화시키기보다는 자신의 욕망을 변화시키는 것이 좋고, 운명을 정복하기보다는 자신을 정복하는 것이 좋다." 그러나 나중에는 지혜에 의한 우주중심론(cosmocentrism)을 기술에 의한 인간주의(humanism)로 대치시킨다. 인간은 기술에 의해서 "자연의 주인이 되고 자연의 소유자"가 될 수 있기 때문이다.

18세기에 와서는 디드로(Denis Diderot, 1713~1784)가 기술을 찬양하는 철학자가 되었다. 그는 산업생산자보다도 철학자를 더 존경하는 사람이 있다는 점에 놀랐다. 산업생산자의 기술은 우리의 생활을 변화시킴으로써 우리를 실제로 더 행복하게 한다.

"우리는 우리를 실제로 더 행복하게 해주는 일을 하는 사람보다도 우리를 행복하다고 믿게 하려는 사람들을 더 찬양한다. 우리의 판단은 얼마나 이상한 판단인가! 우리는 사람들에게 유익한 일을 할 것을 요구하면서도 유익한 사람들을 경멸하고 있다."

디드로를 우울하게 하던 이러한 경멸은 오늘날에는 극복되었다. 기술의 이상은 도처에서 승리하고 있다. 실증과학은 철학적 지식의 내용을 공허하게 하였고, 또 기술의 힘은 철학적인 힘의 유효성을 박탈하였다. 따라서 철학도 그 모습을 달리하게 되었다. 철학은 과학적인 지식에서 출발하여 과학적 지식의 근거를 비판적으로 반성하는 것이 되었고, 현대적인 지혜는 기술적인 힘에서 출발하여 기술적인 힘의 조건을 비판적으로 반성하는 것이 되었다.

그런데 마술사의 후계자들인 기술자들은 오늘날 우리에게 아주 친숙하면서도 불안한 과제를 안겨주고 있다. 핵무기가 개발되었기 때문에 지구가 멸망할 수도 있다는 공포감이 생겨나고, 기계가 발전하였기 때문에 인간의 생활은 기계화하고 로보트화할 위험이 생기는 것을 보면, 기술은 지혜를 대신할 수 없고 과학은 철학을 대신할 수 없다는 점이 분명해진다.

라베르 또니에르(R. P. Laberthonniere, 1860~1932)는 이렇게 말한다.

"기술은 우리에게 사물을 사용하는 방법을 가르친다. 그러나 우리는 무엇을 위해서 사물을 사용하는지를 알고 있는가?"

기술은 인간에게 행동의 방법만을 제공하면서 행동의 목적에 대해서는 침묵한다. 그래서 어느 때보다도 더욱 더 우리는 우리가 추구해야 할 목표를 밝혀 줄 지혜를 필요로 한다. 현대 세계에서는 인간능력의 발달은 비극적인 색조로 우리 의지의 모호성을 비추어준다. 기술은 능력과 의지 즉 할 수 있는 것과 원하는 것을 조화시키는 데 필요한 매개자이다. 그러나 우리의 의지를 명확하게 밝혀낼 수 있는 것은 철학뿐이 아닐까 생각된다. 그리고 철학만이 가치의 문제를 제기할 수 있다.

그렇다면 우리가 왜 이 시점에서 공학윤리를 공부해야 하는 지를 대충 짐작할 수 있으리라 생각된다. 오늘날 엄청난 속도로 발전하고 있는 과학기술의 현장에서 새로이 발생하는 가치갈등을 포함한 윤리문제는 결코 쉽사리 해결될 수 없는 문제이기 때문에 보다 전문적인 지식을 바탕으로 한 심사숙고가 반드시 필요하다고 생각된다. 따라서 이 책은 대학의 공학도들이 산업현장에서 직면하게 될 여러 가지 윤리적 문제들에 대하여 충분한 예비적 지식을 갖추게 함으로써 전문직에 필요한 도덕적 판단능력과 가치감을 배양하는 데 목적을 두고 있다.

책의 내용이 충실하지 못하여 아쉬운 마음이 남지만 부족한 부분은 앞으로 계속 보완하고 다듬어나갈 생각이다. 아무튼 이 책을 통하여 대학의 공학도들이 한층 성숙되고 세련된 전문직 종사자의 길에 입문하게 되길 기대하면서 독자 여러분의 많은 지도와 편달을 바라는 바이다.

2008년 여름　솔뫼골 연구실에서

저자 씀

| 차 례 |

제1부 윤리학 원론

제2부 공학윤리

제3부

응용윤리

제1부
윤리학 원론

ENGINEERING ETHICS

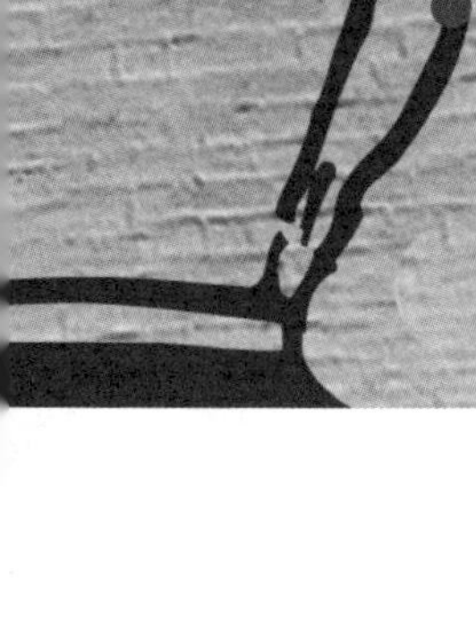

제1장 윤리학이란 무엇인가

1 규범 과학으로서의 윤리학

철학의 주요 연구 분야로 형이상학(metaphysics), 논리학(logic), 인식론(epistemology), 미학(aesthetics), 윤리학(ethics) 등이 있다. 형이상학은 실재의 본질을, 논리학은 사유의 과정과 법칙을, 인식론은 지식의 습득 방법을, 미학은 아름다움의 의미와 경험을, 그리고 윤리학은 도덕적인 가치 판단의 구조를 밝히려 한다. 즉 윤리학은 도덕적인 판단의 선택 그리고 그 기준에 관하여 탐구하고 분석하는 철학의 한 분야이다.

전통적으로 철학자들은 윤리학을 옳은 것과 좋은 것에 관한 연구라고 정의해 왔다. 극히 최근에 이르기까지 이 같은 정의는 윤리학을 연구하는 두 가지의 중요한 접근 방법을 충족시킬 수 있었다. 대부분의 철학자들은 옳은 행동과 최고선(supreme good)이 윤리학의 가장 기본적인 관심영역이라고 생각해 왔다. 옳은 행동을 가장 중요한 요소로 취급하는 철학자들은 옳은 것을 행하면 반드시 좋은 결과가 나타난다고 주장한다. 그런가 하면 최고선에 가장 큰 중요성을 부여하는 철학자들은 일단 최고선이 인식되면 옳은 행위가 자동적으로 확인되고 또 시행될 수 있다고 주장한다. 다시 말하면 전자의 경우에는 선이 옳은 행위에 의해 결정된다고 보며 후자의 경우에는 옳은 행동이 좋은 것에 의해서 결정된다고 보는 것이다.

그러나 윤리학을 옳은 것 또는 좋은 것에 관한 연구라고 규정하는 전통적인 정의는 분석 철학파 혹은 일상 언어학파로 알려진 철학자들의 새로운 연구 방법 즉 분석적인 접근방법을 고려하지 않았다. 분석 철학자들은 윤리학적 이론이나 신념을 표현하는데 사용되는 용어와 진술들을 논리적으로 분석하는 것이 윤리학의 가장 중요한 과제라고 생각한다. 이들 철학자들은 메타 윤리학(meta ethics) 혹은 비서술적(non-descriptive) 이론으로 알려진 윤리설의 주창자들이다. 이들의 관점을 고려하면서 우리는 윤리학을 다음과 같이 정의할 수 있다. 즉 "윤리학은 옳은 것 또는 좋은 것에 관한 연구와 함께 윤리학적 용어와 이론 그리고 신념들에 대한 논리적인 분석을 중요 과제로 삼는 학문"이라고 규정할 수 있다.

우리가 모든 학문을 두 가지 종류로 나눈다면 사실에 관한 학문과 가치에 관한 학문으로 나눌 수 있다. 사실에 관한 학문이란 사물이 어떻게 존재하는지를 있는 그대로 설명해 보려는 학문이다. 예컨대 물리학, 심리학, 천문학 등의 자연과학이 여기에 속한다. 그러나 가치에 관한 학문은 인간의 사고와 행위를 연구대상으로 하고 있다는 점에서 심리학과 비슷한 점이 있지만 탐구하려는 근본원리가 가치를 규정하고 있다는 점에서 전혀 다른 종류의 학문이다. 윤리학은 바로 가치에 관한 학문의 가장 좋은 예가 된다.

요컨대 사실에 관한 학문은 어떤 특수한 현상에 관한 사실을 객관적으로 서술할 뿐이지만 가치에 관한 학문은 인간의 사고와 행위가 보편적으로 어떠해야 한다는 규범을 제시한다. 이러한 뜻에서 사실에 관한 학문을 사실과학 그리고 가치에 관한 학문을 규범과학이라고 부를 수 있으며 이때 윤리학은 규범과학에 속하게 된다.

2 | 규범 윤리학과 메타 윤리학

근대에 와서 윤리학은 두 분야로 구분되었다. 즉 규범 윤리학(normative ethics)이 그 중 하나이고 분석 윤리학(analytic ethics) 또는 메타 윤리학(meta ethics)이 다른 한 분야이다.

규범 윤리학은 도덕적인 규범(moral norm)을 인생의 길잡이로 설정한다. 규범윤리학은 도덕이론을 연구하며 도덕원리들을 합리적으로 정당화할 수 있는 기반 위에 구축한다. 어떤 규범윤리학자들은 우리의 도덕적 의무와 책임을 제기하는 객관적인 도덕적 진리 즉 우리가 해야 할 것과 하지 말아야 할 것을 지시하는 객관적 기준이 있다고 믿는다. 이와 반대로 어떤 학자들은 윤리적인 원칙이나 규범은 단지 우리가 욕구 하거나 욕구할 만한 가치가 있는 것으로 믿는 것에 불과하다고 주장한다. 예컨대 슐리크(Schlick) 같은 사람은 "내가 어떤 것을 해야 한다는 것은 사람들이 나에게 그것을 하도록 원한다는 것을 뜻할 뿐"이라고 말하며, 러셀(B. Russell)은 당위(ought)란 "개인적인 욕구를 보편화한 것"이라고 말한다. 즉 "너희들은 거짓말을 해서는 안 된다"고 하는 것은 나와 모든 사람들이 거짓말을 않기를 바라는 나의 욕구를 나타낸 것에 불과하다는 것이다.

요컨대 규범 윤리학은 모든 인류에게 적용되는 도덕규범의 체계를 정당화하기 위한 합리적인 근거와 그런 규범의 체계를 합리적으로 구성하는 방안을 탐구한다. 따라서 규범 윤리학자들은 "옳은 것은 무엇인가?", "좋은 것은 무엇인가?", "인생에 있어서 가치 있는 것은 무엇인가?", "우리는 무엇을 해야 하는가?", "우리는 어떻게 살아야 할 것인가?" 와 같은 실천적이고 규범적인 문제에 관심을 쏟는다.

그러나 메타 윤리학자들은 기본적으로 도덕적인 개념들의 분석 혹은 도덕적 언어의 논리적 분석에 관심을 기울인다. 그들은 규범윤리가 우리의 도덕적 선택의 자유를 저해한다는 이유로 모든 규범적인 견해에 반기를 든다. 그들은 규범 철학자들이 도덕적 진리를 통찰할 수 있는 예언자임을 자처하면서 사람들에게 올바른 도덕적 행위를 하라고 명령하고 있다고 비난한다.

메타 윤리학자들은 규범윤리학자들과는 달리 일상생활에 사용할 수 있는 체계적인 윤리이론을 만들려고 하지 않는다. 그들은 도덕적인 개념 혹은 도덕적인 개념에 내포되어 있는 논리적 구조의 분석에 집중한다. 그들은 도덕언어 속에서 가령 좋다, 옳다, 의무, 그리고 해야 한다와 같은 말들이 어떻게 쓰이고 있는지를 정확히 설명하려고 시도한다. 사람들은 도덕적 확신을 표현할 때 그리고 무엇을 해야 하고 무엇을 하지 말아야 할 것인가를 숙고할 때 그리고 자신과 타인이 한 행위를 평가할 때 도덕언어를 사용한다. 그들 자신에 관한 도덕적 문제를 생각하든 또는 타인과 관련된 도덕적인 문제를 생각하든 간에 그들은 도덕적 논의를 하고 있는 것이다. 우리는 어린 시절에 도덕언어를 배우고 어른이 되어서는 우리의 어린이들이 도덕적으로 성장하도록 가르친다. 이러한 언어를 구성하고 있는 단어나 문장의 의미에 관한 조심스럽고 철저한 분석이 철학의 과정이다. 그 궁극의 목적은 도덕적인 개념들(의무, 덕, 책임, 옳은 행위 등)과 그 개념들이 도덕적 논의에서 어떠한 역할을 하고 있는가를 충분히 이해하는 것이다.

또한 메타 윤리학자들은 도덕적 추론의 논리에 대한 분석을 과제로 삼는다. 여기서 철학자의 임무는 사람들이 어떤 행위에 관한 찬반양론에 대해서 도덕적 근거를 제시하거나 또는 어떤 도덕 판단에 관한 수용과 거부에 대해서 정당화하려고 할 때에 수반되는 논리적 규칙을 명백히 하는 것이다. 마치 과학철학이 과학적 방법의 근저에 있는 논리적 구조를 밝히려고 노력하는 것처럼 메타윤리학도 도덕적 신념이 어떻게 참 또는 거짓으로 확증될 수 있으며, 또 어떠한 근거에서 참 또는 거짓이 되는지를 안다고 주장할 수 있는가를 밝히려고 한다. 요컨대 메타 윤리학자들은 도덕적 추리의 논리에 대한 분석을 통해 도덕 판단이 참 또는 거짓으로 확증될 수 있는 방법 또는 그러한 방법이 도대체 가능한가에 대한 연구를 목적으로 하고 있는 것이다.

그렇다면 메타 윤리학과 규범 윤리학의 논리적 관계는 무엇일까? 한 마디로 말해서 메타 윤리학은 규범 윤리학의 전제를 탐구한다고 할 수 있다.

만일 철학자가 도덕규범의 체계를 세우고 이러한 규범이 모든 사람에게 정당하게 구속력을 가진다고 주장한다면, 그는 도덕규범이 정당화될 수 있는 절차가 있고 또 자신도 이러한 절차를 따르고 있다는 것을 주장하며, 따라서 이러한 지식이 가능하다는 것을 가정하고 있다. 실제로 메타 윤리학에서 문제가 되는 것이 바로 이러한 가정이다.

도덕 판단에서 '안다', '참인', '타당한', '정당화될 수 있는'과 같은 단어들을 사용하고 있다는 점이 바로 메타윤리학의 문제가 된다. 물론 이러한 단어들이 규범윤리학에서도 사용되고 있지만 분명하고 주의 깊게 분석되지 않은 채 사용되고 있는 것이다. 그리하여 이러한 용어들을 분석하는 것이 바로 메타 윤리학의 과제다. 따라서 메타 윤리학 또는 분석 윤리학은 규범 윤리학에 논리적으로 선행한다고 할 수 있다. 그러므로 메타 윤리학의 문제는 규범 윤리학의 완전한 발전이 이루어지기 전에 먼저 해결되어야 하는 것이다. 그럼에도 불구하고 윤리학의 이러한 두 분야는 20세기 중반까지 구분되지 않았으며, 이전의 도덕철학자들은 이 두 분야의 문제를 함께 탐구하려는 경향을 가지고 있었던 것이다.

3 | 이론 윤리학과 응용 윤리학

윤리학은 앞에서 살펴본 바와 같이 인간 삶의 도덕적 차원을 다루는 철학의 한 분야이다. 따라서 철학이라는 학문의 일반적인 성격을 고려해 볼 때 다음과 같은 결론이 도출된다.

① 윤리학은 인간 삶의 도덕적 차원이 갖는 성격과 정당성에 관심을 갖는다.
② 윤리학에 대한 관심은 일반적으로 삶들이 자신의 삶의 도덕적 차원에 대해 고민을 느끼는 정도에 비례한다.
③ 윤리학적 탐구는 우리의 도덕적 행위에 커다란 변화를 초래할 수

있다.

④ 이러한 영향력은 윤리학자들이 합리적으로 옹호할 만한 해답으로 그들의 철학적 문제에 응답할 수 있기 때문에 가능하다.

그런데 인간 삶의 도덕적 차원은 (1)옳은 행위와 그른 행위 간에는 중요하고 진정한 차이가 존재한다. (2)많은 경우에 있어서 우리는 어떤 행위가 옳으며 어떤 행위가 그른지를 알거나 적어도 그에 대한 정당한 신념을 가질 수 있는 능력이 있다. 그러나 적어도 당분간은 우리가 단지 추정할 수밖에 없는 경우들도 있다. (3)무엇이 옳고 그른지에 대한 이러한 지식 혹은 정당한 신념은 우리의 행위에 영향력을 가질 수 있다. 특히 때때로 우리가 어떤 행동을 하게 되는 이유는 다만 그 행동이 옳은 일이라는 것을 알게 되었기 때문일 경우가 있다. 그와 유사하게 때때로 어떤 행동을 하지 않게 되는 이유는 다만 그 행동이 그른 일이라는 것을 알게 되었기 때문일 경우가 있다.

그러면 인간 삶의 도덕적 차원이 왜 이러한 세 가지 신념을 전제하는지를 살펴보자. 우리 삶의 도덕적 영역은 다양한 행위들의 옳고 그름에 대한 우리의 신념을 중심으로 해서 긴밀하게 구성된다. 그런데 옳은 행위와 그른 행위 사이에 진정한 차이가 없다고 가정해 보자. 그럴 경우 그러한 차이가 있음을 전제하고 있는 우리의 모든 도덕적 신념은 부당한 것이 될 것이고 인간 생활의 도덕적 차원에는 정당한 것이 거의 없게 될 것이다. 아니면 옳은 행위와 그른 행위들 간에 차이가 있기는 하나 그 차이가 별로 중요하지 않거나 사소한 결과를 갖는다고 가정해 보자. 그럴 경우 우리의 도덕적 신념은 참이거나 거짓이거나 하겠지만 별다른 가치가 없게 될 것이다. 따라서 삶의 도덕적 영역은 옳은 행위와 그른 행위 간에 진정하고 중대한 차이가 있음을 전제로 하는 것이다.

두 번째 전제는 때때로 우리는 어떤 행위가 옳고 어떤 행위가 그른가를 알 수 있거나 혹은 적어도 그에 대한 정당한 신념을 가질 수 있다는 것이다. 그러한 것을 알 수 없다고 가정해 보자. 그래서 옳고 그른 행위들 간에 진정하고 중대한 차이가 있다는 데는 합의하지만 인간은 결코 어떤 행위가 옳고 그른지를 알 수 없으며, 나아가 어떤 행위가 옳고 그른지에 대한 정당한 신념조차도 가질 수 없다고 가정해 보자. 이런 가정은 결국에 가서는 인간 존재의 도덕적 차원이 갖는 정당성을 무너뜨리는 결과를 초래하게 될 것이다. 도덕적으로 행위 하고자 함에 있어 우리는 도덕이 우리에게 요구하는 것이 무엇인가에 관해서 추측만을 할 수 있을 뿐이며, 그러한 추측의 밑받침이 될 어떤 진지한 근거도 가질 수 없는 것이다. 따라서 우리가 도덕을 신중하게 받아들인다면 우리는 인간존재가 어떤 행위가 옳고 그른지를 알 수 있는 능력을 갖거나 아니면 적어도 어느 것이 옳고 그른가에 대한 정당한 신념을 가질 능력이 있음을 전제해야 한다.

인간 생활의 도덕적 차원이 갖는 세 번째 전제는 무엇이 옳고 그른가에 대한 그러한 지식 혹은 정당한 신념이 우리의 행위에 영향력을 가질 수 있다는 것이다. 특히 때때로 우리가 어떤 행동을 하지 않게 되는 이유는 다만 그 행동이 그른 일이라는 것을 알게 되었기 때문일 경우가 있다. 그런데 사정이 그렇지 않다고 가정해 보자. 다시 말하면 무엇이 옳고 그른가에 대한 우리의 지식이 우리가 행위 하는 방식에 아무런 영향도 미치지 못한다고 가정해보자. 이러한 가정은 인간 생활의 도덕적 차원이 갖는 정당성을 크게 무너뜨리게 될 것이다. 왜냐하면 우리의 도덕적 지식이 우리의 행위방식에 영향을 미칠 수 없다면 도덕적 지식은 우리가 그에 대해 기대하는 영향력을 전혀 갖지 못하게 될 것이기 때문이다. 이러한 이유 때문에 인간생활의 도덕적 차원은 무엇이 옳고 그른가에 대한 이러한 지식 혹은 정당한 신념이 우리의 행위에 영향력을 가질 수 있음을 전제하는 것이다.

물론 모든 윤리학자들이 위에서 언급한 전제들을 기꺼이 받아들여 온 것은 아니다. 윤리적 허무주의자(ethical nihilists)라고 불리는 일부 학자는 옳고 그른 행위 간에 어떤 차이가 있음을 부인한다. 윤리적 주관주의자(ethical subjectivists)들은 옳은 것과 그른 것 사이에는 중대한 차이가 없다고 말한다. 왜냐하면 어떤 행위가 옳은 것이 되는 것은 그 행위를 내가 혹은 사회가 시인했기 때문이며, 어떤 행위가 그른 것이 되는 이유는 그 행위를 내가 혹은 우리 사회가 비난했기 때문으로 생각하는 까닭이다. 또 도덕적 회의주의자(moral skeptics)들도 있는데 이들은 어떤 행위가 옳고 그른가를 알게 될 가능성을 부인하는 사람들이다. 끝으로 우리자신의 도덕적 지식과 독립해서 우리의 주위 환경의 요인들로 인해 우리가 행위 하는 방식으로 행위 할 수밖에 없는 까닭에 우리의 도덕적 지식은 아무런 인과적 의의를 가질 수 없다고 주장하는 사람들도 있다.

이론 윤리학(theoretical ethics)은 위에서 논의한 인간 존재의 도덕적 차원의 진제들을 그리한 전제들에 도전하는 이론들에 비추어서 도덕적으로 평가하는데 관심을 갖는다. 응용 윤리학(applied ethics)은 이론 윤리학과는 상이한 철학적 탐구의 한 분야이다. 그것은 특정한 도덕적 문제들에 대해서 특수한 의미를 갖는 철학적 이론을 전개함으로써 그러한 문제들에 대처하고자 하는 시도이다. 응용 윤리학적 탐구는 가까이는 흄(Hume)과 밀(Mill)을 위시하여 18-19세기의 많은 윤리학자들이, 멀리는 플라톤과 아리스토텔레스 이래로 많은 도덕 철학자들이 시도해 왔다. 그러나 20세기에 들어와 대부분의 도덕철학자들은 현실로부터 일정한 거리를 유지하면서 실천윤리보다는 윤리학의 학문적 성격을 추구하거나 언어 철학적 시각에서 도덕 판단의 의미를 연구함으로써 메타 윤리학이라는 2차적 연구로 물러났던 것이다. 그러던 것이 1960년대 후반 이후 현실세계의 다변적인 변화는 철학자들이 상아탑 속에만 안주하는 것을 용납하지 않았으며 드디어 철학자들은 시민불복종운동, 인종차별, 전쟁과 평화 문제 등에 점차 반응을 보이게 되었다. 1970년대 이후부터 이런 실천윤리 내지 사회 윤리적 주제들에 대한 활발한 논의와 연구가 시작되었던 것이다.

과연 도덕철학의 전문지식이 현실문제의 해명에 도움이 될 수 있을까? 규범윤리의 이론들이 실제적 윤리 문제에 적용 가능한가? 응용윤리학의 가능성에 대한 이러한 의문을 안은 채 1960년대 후반 미국 사회를 소용돌이치게 했던 민권운동, 월남전, 학생운동 등의 대두는 철학자들이 응용 윤리적 논의에 가담하는 계기가 되었다. 평등, 정의, 전쟁, 시민불복종, 생명과 죽음, 자율과 간섭, 환경 및 직업 등의 논의를 시작한 철학자들은 점차 이러한 윤리 문제들이 철학적 전통의 일부를 이루었다는 사실을 인식하게 되었고, 그러한 문제의 논의에 있어서 철학에서 배우고 가르치며 습득한 분석적 기술이 지극히 유력한 도구라는 확신을 갖게 되었다. 오늘날 많은 사람들이 인간 삶의 도덕적 영역에 대해 고민하고 있다. 그들의 이 고민은 우리 사회에서 현재 봉착하는 대부분의 도덕적 문제들에 대해 그들의 지식과 신념을 제대로 적용하는 방식을 모르는데 기인한다. 응용윤리학은 바로 이러한 문제에 응답하고자 하는 시도인 것이다.

제2장 목적론적 윤리설과 법칙론적 윤리설

1 목적론적(결과론적) 윤리설

목적론적 윤리설(teleological ethics)은 목적 또는 목표를 의미하는 희랍어 telos에서 유래한다. 이 윤리설이 출발점으로 삼는 기본 전제는 인생 또는 우주 전체에 우리가 그 실현을 위하여 애써 노력해야 할 객관적인 궁극목적이 있다는 신념이다. 목적론적 윤리설은 만약 한 사람이 어떤 행동을 함으로써 좋은 결과를 낳는다면 또는 만약 모든 사람이 그 행동을 할 경우 좋은 결과를 낳는다면 그 행동은 도덕적으로 옳다고 주장한다.

어떤 행위가 옳은가 또는 그른가 하는 문제는 그 행위가 인생의 궁극목적 달성에 대해서 갖는 관계 여하에 따라서, 즉 그 궁극목적을 달성함에 어느 정도 이바지하느냐 또는 어느 정도 방해가 되느냐에 따라서 풀릴 수가 있다고 그들은 믿는다. 그러므로 목적론적 윤리설이 대답해야 할 최초의 근본 문제는 "인생의 궁극목적이 무엇인가?"라는 것이다.

목적론적 윤리설은 흔히 결과주의와 동일시되기도 한다. 이 입장에서는 만약 한사람이 어떤 행동을 함으로써 좋은 결과를 낳는다면 또는 만약 모든 사람이 그 행동을 할 경우 좋은 결과를 낳는다면 그 행동은 도덕적으로 옳다고 주장한다. 이러한 종류의 윤리체계에서 한 행동의 결과란 그 행동이 미래에 가질 모든 영향을 포함하는 것으로 이해된다. 모든 영향이란 그 행동이 수행되므로 말미암아 생기는 모든 것, 즉 그 행동이 일어나지 않았다면 미래에 있어서 달라질 모든 것까지 포함한다. 그래서 J. W. 부츠가 1865년 링컨을 암살한 것이 남북전쟁 직후의 재건기간 동안에 미국 역사에 어떤 차이점을 초래했다고 가정해 보자. 그런 경우 그 차이점은 부츠가 한 행동의 결과 중의 하나로 생각될 수 있다. 만약 링컨을 암살한 결과로 발생한 것이 좋지도 나쁘지도 않다면, 비록 그것이 부츠의 행동의 결과라 하더라도 그 결과는 그 행위의 옳음 또는 그름에 아무런 관계가 없다. 그러나 만약 그 결과가 좋거나 또는 나쁘다면 그것은 그 행위의 옳고 그름에 관계가 있게 된다.

그러나 목적론적 윤리설은 몇 가지 이론적 난점을 내포하고 있다. 그 첫 번째 난점은 "인생에 주어진 객관적인 목적이 있다"는 명제가 논증된 것도 아니며 자명한 원리도 아니라는 사실이다. 인생 또는 우주 전체가 어떤 종류의 선천적이고 객관적인 사명을 띤 하나의 목적론적 체계라는 주장을 옹호한 사상가는 많다. 그러나 그들의 옹호는 결국 형이상학적 사변 또는 종교적 신앙에 근거한 것에 불과하기 때문에 과학적 사고에 익숙한 현대인들이 증거의 제시를 요구할 때 만족스러운 답변을 제시하기가 어렵다. 목적론적 윤리설이 지닌 두 번째 난점은 "비록 인생 내지 우주가 하나의 객관적인 목적을 가진 체계라 할지라도, 바로 무엇이 그 목적인지 어떻게 알 수 있는가?"라는 물음에 의하여 여실히 드러난다. 첫 번째의 난점을 형이상학적 난점이라 한다면, 이것은 인식론적 난점이라고 할 수 있다. 그리고 이 인식론적 난점이 목적론적 윤리설에 대한 심각한 문제가 아닐 수 없다는 것은 여러 목적론자들이 제시한 인생의 목적이 동일한 결론에로 접근하지 못하고 구구한 견해의 대립으로 시종했다는 사실에 의하여 더욱 분명해 진다. 목적론적 윤리설이 가진 세 번째 난점은 일정한 목적을 달성하는데 어떤 행위가 그 수단으로서 적절한지의 여부를 인간의 힘으로는 정확히 파악할 수 없다는 사실이다. 이것은 윤리학에 있어서 목적론과 결과론이 반드시 동일한 것은 아니지만 서로 밀접한 관계에 있다는 사실과 관련되는 난점이며, 인간생활에 있어서도 인과의 관계는 무한한 연속성을 그린다는 상식과 "인간 만사 새옹지마"라는 속담에 의하여 쉽게 설명되는 사항이다. 이 난점에 대해서는 "유한한 존재인 인간에게 허락된 것은 진리에로의 근접에 힘쓰는 일이지 절대적 진리 그 자체의 파악이 아니다"라는 주장이 어느 정도 유력한 답변이 될 수 있을 것 같다.

2 | 법칙론적(의무론적) 윤리설

법칙론적 윤리설(deontological ethics)은 의무 또는 법칙을 뜻하는 희랍어 deon에서 유래한 윤리체제를 말한다. 법칙론적 윤리학자들은 인생이 힘써 도달해야 할 목적이 따로 주어져 있다는 것을 믿지 않는 대신 옳은 행위와 그른 행위를 분간함에 표준의 구실을 할 수 있는 도덕법칙이 주어져 있다고 믿으며, 그 법칙은 어느 시대 어느 곳에서나 타당한 절대적 권위를 가진다고 믿는다. 이들 법칙주의자들에 따르면 한 행위의 옳고 그름은 그 도덕률을 적용함으로써 간단히 판별된다. 따라서 법칙론적 윤리설이 대답해야 할 최초의 근본 문제는 "시대와 지역의 차이를 초월하여 언제 어느 곳에서나 타당한 행위의 법칙 즉 도덕률이란 무엇인가?"라는 것이 된다.

이와 같은 법칙론적 윤리설은 동기주의와 연관시켜 생각되기도 한다. 법칙론자들은 행동을 옳거나 그른 것으로 만드는 것은 행동의 결과의 좋고 나쁨이 아니라 행동의 종류라고 주장한다. 그들의 견해로는 만약 한 행동이 모든 도덕행위자가 행해야 할 의무를 갖는 종류에 속한다면 그 행동은 옳다. 그러나 그 행동이 모든 도덕행위자가 금해야 할 의무를 갖는 종류에 속한다면 그 행동은 그르다. 모든 도덕행위자가 어떤 종류의 행위를 해야 하거나 또는 하지 말아야 한다고 하는 진술은 행동에 대한 도덕규칙이다. 그리고 법칙론자(의무론자)들은 이러한 의무의 근거는 문제의 도덕규칙이 궁극적 규범이나 의무의 최고 원리가 요구하는 바를 만족시키는데 있다고 믿는다. 그런데 이러한 궁극적 규범이나 의무의 최고원리는 때때로 도덕법칙이라 불려진다.

그러나 우리는 한편으로 법칙론적 도덕규칙에 의해 요구되거나 또는 금지되는 행동의 종류를 확인하는 데에는 행동의 결과가 밀접히 관련될 수 있다는 것을 주목해야 한다. 예컨대 "살인하지 말라"는 규칙은 우리가 고의적으로 남의 생명을 빼앗아서는 안 된다는 의무를 갖고 있음을 말해준다. 이제 부츠가 탄알이 장전된 권총으로 링컨을 향해 쏜 행동을 고찰해 보자. 그러한 행동이 링컨의 죽음을 초래했다는 사실은 그 행동의 그름과 밀접한 관계를 가지고 있다. 왜냐하면 그 행동의 결과인 링컨의 죽음에 의해서 그 행동은 단지 사람을 권총으로 겨냥해 쏘는 행동이 될 뿐만 아니라 어떤 사람을 의도적으로 죽이는 행동으로 되기 때문이다. 이러한 이유 때문에 그 행동은 "살인하지 말라"는 규칙이 적용되는 행동유형에 속하는 것으로 간주된다. 의무론자들은 이 규칙이 궁극적 도덕원리에 의해 함의된다는 것을 가정하고 부츠의 행위는 도덕적으로 그르다는 결론을 내릴 것이다. 의무론자는 그 행위의 그름은 그 행위가 살인행위의 유형에 속한다는 사실에 달렸다고 주장한다. 바꾸어 말하면 그 행위는 어떤 사람의 죽음이 그 결과에 포함되는 종류의 행위이기 때문에 그른 것이다. 사람을 죽이는 행위가 어떤 가치 표준에 따라 판단될 때 또 다른 결과를 가지기 때문에 그른 것이 아니다. 이 입장을 대표하는 철학자로는 버틀러(J. Butler, 1692~1752)와 칸트(Kant, 1724~1804) 등이 있다.

목적론적 윤리설과 마찬가지로 법칙론적 윤리설에도 기본적인 난점이 있다. 첫째로 어느 시대 어느 지역에서나 타당한 절대적인 도덕법칙이 있다는 것 그 자체가 의문의 대상이 될 수 있다. 어떤 사람들은 그 법칙이 밖으로부터 주어진 초인간적인 것이라고 주장한다. 그들이 말하는 초인간적인 법칙에 대하여 깊은 신앙을 가지는 것은 가능한 일일지 모르나 엄밀한 의미의 지식을 갖기는 원리상 어려운 일이다. 설령 그러한 외래의 법칙이 있음을 인정한다 하더라도 비판적인 정신은 "우리가 왜 그 밖으로부터 주어진 법칙에 맹종할 필요가 있는가?"라는 제2의 물음을 제기할 수가 있다. 이 제2의 문제도 종교적으로는 해결하기 쉬울지 모르나 철학적으로 만족스러운 대답을 내리기는 매우 어려운 성질의 것이다. 절대적인 도덕의 법칙이 밖으로부터 주어지는 것이 아니라 인간자신의 내부에 선천적으로 본래 있다고 주장할 때 앞서 말한 제2의 문제는 저절로 해결된다. 내 자신 안에 도덕법칙이 본래 있다함은 나의 심층이 나에게 필연적인 명령을 내리고 있다는 뜻이며, 스스로가 내린 명령에 스스로 복종하지 못하겠다 함은 일종의 자기모순이기 때문이다. 그러나 문제는 그와 같이 선천적인 행위의 법칙이 인간 자신의 내부에 본래 있다는 그 주장 자체가 과학적인 근거로 뒷받침되지 못한다는 사실에 있다. 양심(conscience)의 보편성을 주장한 버틀러나 실천이성의 절대적인 법칙에서 도덕의 원리를 구한 칸트의 시대만 하더라도 양심 또는 실천이성이 선천적이고 자율적인 도덕의 원리가 될 수 있다는 생각은 식자들의 지지를 받기에 별로 어려움이 없었다. 그러나 생물진화론이 하나의 상식처럼 되고 민속학, 심리학 따위의 인간 연구의 제 과학이 도덕관념의 다양성을 여지없이 드러낸 오늘날에 와서는 이점에 관하여 사정이 매우 달라졌다.

법칙론적 윤리설이 갖는 또 하나의 난점은 보편적인 도덕법칙이 존재함을 인정한다 하더라도 그것을 어떻게 발견하느냐하는 인식론적 문제이다. 이 문제를 풀기 위하여 여러 학자들이 직각설(intuitionism)을 들고 나왔다. 행위의 시비를 직각적으로 판별하는 선천적 능력이 우리에게 구비되어 있다는 것이다. 그러나 직각론자들이 제시하는 도덕의 법칙 내지 원리가, 그것이 선천적 능력에 의해 파악되었다 함에도 불구하고 일치된 견해에 도달하지 못하고 학자에 따라 내세우는 법칙 내지 원리가 서로 다르다는 사실은 그 직각론에 대한 신뢰를 크게 손상시키고 있다. 법칙론적 윤리설이 해결해야할 또 하나의 난점은 의지의 자유에 관한 것이다. 만약 절대적인 도덕의 법칙이 있어서 그것을 지킴이 우리의 신성한 의무라면, 그 법칙이 명령하는 대로 실천할 수 있는 의지의 자유가 우리에게 보장되어야 한다. 그러나 의지자유에 대한 소박한 신념은 오늘날 통용되기 힘들며 그리고 칸트를 따라서 의지의 자유를 하나의 요청된 사실로서 전제하자는 의견에도 선뜻 동의하기 어려운 난점이 있다.

제3장 상대주의 윤리설과 절대주의 윤리설

1 상대주의 윤리설

윤리적 상대주의(ethical relativism)란 모든 도덕규범은 문화권에 따라 상대적이라는 이론으로써 윤리학에서 가장 보편적으로 받아들여지는 견해 중의 하나이다. 한 사회에서 적용되는 행위의 규칙은 다른 사회에 있는 사람들의 행위에 적용될 수 없다는 것이 이 견해의 주장이다. 각 사회는 자체의 규범을 가지고 있다. 따라서 도덕은 전적으로 각각의 문화권에서 받아들여지는 표준과 규칙을 따르는 문제가 된다. 간단히 말해서 옳다는 것은 우리의 사회가 인정하는 것이고 그르다는 것은 우리의 사회가 인정하지 않는다는 것이다. 이것은 윤리란 주관적·경험적·선택적인 것으로서 사회생활을 통하여 형성되는 역사적 산물이라고 보는 견해이다. 그리스 시대의 프로타고라스(Protagoras)를 비롯한 소피스트들에게 나타나는 상대주의, 근세 로크(J. Locke)의 경험론, 다윈(C. Darwin)의 생물진화론, 그리고 현대 듀이(J. Dewey)의 진보주의는 물론이고 행동주의 심리학, 분석철학, 지식사회학, 동물심리학, 도덕성 발달이론 등이 모두가 여기에 속한다.

상대주의 윤리설은 절대주의에 대한 회의 또는 부정으로서 사물을 과학적으로 인식하려는 근세의 합리적·과학적 경향에 편승하여 선풍적으로 대두되었다. 특히 사회학적 견지에서는 선악을 구별하는 도덕 판단도 일종의 사회현상에 불과하고, 사회적 조건들은 다양하고 변천하는 것이기 때문에 도덕 판단에 있어서 보편적 기준을 발견할 수 없다는 것이다. 상대주의 윤리설을 체계화한 스펜서는 다원주의적 입장에서 인간사회의 도덕적 원리까지도 모두 진화의 원리로 보고 있다. 인간도 여타의 생물처럼 완성을 향해 진화하고 각자의 고유조건하에서 최선을 향하여 진화하며 윤리도 각자의 인간성 발달에 수반하여 진화하는 것이므로, 모든 인간에게 공통적인 것이 아니라 각자에게 고유하고 상이한 원칙으로 나타난다는 것이다.

상대주의 윤리설의 입장에서 볼 때 절대주의 윤리설은 인생의 궁극목적이나 법칙을 꾸준히 제시하기는 했지만 절대적으로 타당한 근거를 제시하지 못하고 있으며, 이를 수용하는 것은 단지 믿음에 의한 형이상학에 불과한 것이 된다. 듀이에 의하면 인간의 윤리도덕은 인간의 생활습관이 보다 합리적인 방향으로 세련된 것에 불과하며 인간의 생활 속에서 경험적으로 이룩된 상대적인 사회규범으로서 인간의 모든 행위는 인간성의 내적 요인과 자연적·사회적 환경요인과의 상호작용의 산물이라는 것이다.

그러나 이처럼 윤리가 상대적이라면 인간은 무엇을 최고선으로 하여 현행 윤리·도덕의 타당성을 인정받으며 대립된 가치체계를 올바로 확립할 것인가의 문제가 발생한다. 여기에 상대주의 윤리설의 난점이 있게 된다. 즉 선험적·절대적 목적이나 법칙에 근거하지 않는 윤리·도덕이 어떻게 권위를 가질 수 있는가 하는 것이 문제가 되는 것이다.

상대주의 윤리설에 대한 이러한 문제는 사회적 존재로서의 인간이 욕구를 충족하고 자아를 실현하며 공동의 목표달성과 행복을 실천해가기 위해서는 비록 선천적·절대적인 규범이 아닐지라도 인간사회를 규율하는 어떤 규범이 필요하고, 그 존재가치를 인정하며 그것을 가치 있는 것으로 여기고 이를 지켜 나가지 않으면 안 된다는 데서 그 해답을 찾을 수 있다.

인간은 비록 합리적이고 높은 가치를 갖는 규범은 아닐지라도 어떤 관습을 가지며 최소한의 윤리로서의 법을 가지고 있다. 그리고 이들 규범은 부단히 높은 가치를 향하여 발전해 가고 있다. 절대적이거나 선험적이어서가 아니라 이성적 존재로서의 인간은 역사적·사회적 삶의 지혜로서의 윤리를 이성적 숙고를 통하여 보편타당한 가치규범으로 정립해 가지 않으면 안 된다. 윤리·도덕이 이성적 인간에 의해서 주체적으로 수립된 것이라면 보편타당한 가치규범으로서, 비록 형이상학 또는 신학에 대한 믿음과 같이 선험적인 것이 아니더라도, 우리에게 타당성을 갖는다고 보아야 할 것이다. 이성적 숙고를 통하여 주체적으로 이루어지고 보편타당한 가치로서 인정되면 그것은 당연히 지켜야 할 책임과 임무가 인간에게 있게 된다는 점에서 상대주의 윤리설은 그 타당성을 갖게 되는 것이다.

윤리의 절대성, 즉 보편성과 선천성을 거부하는 상대주의 윤리설은 현대의 메타 윤리학에서 크게 윤리인식 부정론(부정적 상대론)과 긍정론(긍정적 상대론)의 두 윤리설로 나누어진다. 윤리인식 부정론은 상대주의 윤리설의 분석철학적 입장에서도 가장 분석적 경향이 강한 비인학파 및 그 동조자들에 의한 논리실증주의자들의 주장으로 슐리크, 에이어 등이 그 대표자이다. 윤리설에 있어서 정의주의(emotivism)로 불리는 이 이론은 "경험적으로 검증될 수 없는 명제는 무의미하다" 는 의미의 검증이론에 의하여 명제를 분석하여 모든 윤리적 명제는 결국 검증될 수 없는 사이비 명제에 불과하며, 윤리적 명제는 다만 발언자의 도덕적 감정 또는 기분을 나타내는 것에 불과하다고 보는 입장이다. 따라서 도덕 판단의 진위는 학문적으로 밝힐 방법이 없기 때문에 윤리의 문제는 감정표현일 뿐으로 이는 인식의 영역에서 부정되어야 한다는 것이다.

논리실증주의자들은 검증가능성 이론이라는 그들의 언어이론에 근거하여 윤리학이 하나의 학문으로 성립할 수 없으며, 만약 윤리학이 학문으로서 존재한다면 그것은 도덕현상을 기술하는 심리학이나 사회학의 한 분과로서만 가능하다고 주장한다. 그들은 명제의 의미를 명백히 밝히는 것을 철학의 사명으로 보며 의미가 없는 명제는 근본적으로 철학적 탐구의 대상이 될 수 없다고 한다. 오직 의미 있는 명제만이 분석될 가치가 있으며 도덕 판단 내지 윤리적 발언은 무의미한 발언이므로 학문적 분석의 대상이 될 수 없고, 따라서 윤리적 발언을 대상으로 삼는 학문, 즉 윤리학은 학으로서 성립될 수 없다는 것이다.

윤리인식 긍정적 상대론은 윤리의 절대성을 부정하는 점에서는 윤리인식 부정론과 같은 입장이지만, 도덕 판단을 전혀 무의미한 언어에 불과하다고 하거나 윤리학이 학으로서 성립될 수 없다고 보는 것은 잘못되었다고 보는 입장이다. 언어를 일상언어의 문맥을 통해서 분석하려는 일상언어학파의 툴민과 헤어, 그리고 분석철학과는 달리 사실판단과 가치판단을 이질적인 것이 아닌 동질적인 것으로 보고 이를 인간 활동의 일환으로 파악하려는 실용주의 철학자 듀이 등이 그 대표자가 된다.

상대주의 윤리설의 장점은 대체로 절대주의 윤리설의 단점과 반대적인 것이 된다. 즉 사회변화와 시대상황에 탄력적으로 대처할 수 있을 뿐만 아니라 사회문제의 해결이나 새로운 사회를 개혁하는 데 도움을 주며, 윤리의 원칙과 체계를 절대적·신성한 것으로 여기지 않음으로써 윤리의 가치보다 인간과 현실적·생활상의 가치를 더욱 중시하게 된다는 점이다. 그리고 상대주의 윤리설의 단점은 절대주의 윤리설의 장점과 반대가 된다. 즉 윤리의 원칙과 가치관의 혼란을 가져와 사회질서가 문란해지며 사회규범의 절대적 준거를 제시해 주지 못한다는 점이다. 그리하여 인간의 윤리적 행위는 절대적 타당성을 갖지 못하며 완전성과 확실성을 갖지 못하게 된다.

2 절대주의 윤리설

절대주의 윤리설(ethical absolutism)은 윤리란 사회마다 시대마다 다르거나 인간의 필요에 따라 자유롭게 정해지거나 선택될 수 있는 그런 것이 아니라 선천적으로 미리 정해져 있는 절대적인 것이라고 주장하는 입장이다. 이는 형이상학적 세계관이나 종교적 세계관에 그 근거를 두고 있으며 초경험적이고 초현실적인 영원불멸의 실재의 세계가 따로 있고, 그 실재의 세계에 근원하는 보편타당한 인생의 목적 또는 보편타당한 행위의 법칙이 시간과 공간을 초월하여 선천적으로 인간에게 주어져 있다고 보는 윤리설이다. 소크라테스 이후 플라톤, 아리스토텔레스 등은 물론 중세의 윤리설이나 근세의 데카르트의 합리주의, 칸트나 헤겔의 독일 관념론 등도 모두 이 범주에 속한다.

절대주의 윤리설은 우선 인간사회에는 반드시 윤리현상이 존재해야하며, 현행의 윤리·도덕이 불완전하기 때문에 무엇인가 완전한 윤리·도덕의 체계를 수립해야 한다는 것을 인정함으로써 그 필요성이 제기된다. 만약 인간사회에 윤리현상이 반드시 존재하지 않아도 되고 또 현행의 윤리·도덕이 완전하다면 절대적 윤리의 추구는 그 필요성이 없게 된다.

그 동안 수많은 사상가들이나 윤리학자들이 절대적 윤리의 근거 즉 절대적 윤리의 법칙을 밝혀내려고 하였던 것도 모두 절대적 윤리의 필요성 즉 완전하고 이상적인 윤리·도덕의 원형을 추구해야 할 필요성이 있음을 인정하였기 때문이다. 그러한 노력에 의하여 절대주의 윤리설은 모든 인간에게 절대적으로 타당한 윤리의 체계를 수립해왔던 것이다. 여기에는 목적론적 윤리체계와 법칙론적 윤리체계가 있다.

인간의 행위를 판단하고 평가하는 데 있어서 그것을 판단하고 평가하는 근본적이고 궁극적인 목적이나 법칙이 있다고 믿는 점에서 절대론적 윤리설을 주장하는 사람들은 일치된 견해를 보인다. 때로는 그것이 비판되고 무시되는 경우가 있을지라도 여러 가지 절대적인 원칙이나 인생의 궁극적인 목적이 역사적으로 끊임없이 제시되어 오고 있는 데서 이 이론은 중요한 의미를 갖는다고 할 수 있다.

절대주의 윤리설은 이러한 근거를 절대적인 최고선으로 여김으로써 인간은 방황할 필요가 없이 정해진 윤리적 명령에 따라 행동하기만 하면 될 것이기 때문에 자신이 행한 일에 대하여 아무런 불안이나 후회를 하지 않고 마음의 평화를 누릴 수 있게 된다. 그리고 윤리의 권위가 확고하게 서는 동시에 사회의 질서가 정연하게 유지되며 올바른 가치관의 확립이나 윤리·도덕적 평가의 절대적 근거를 제시해 주게 된다. 특히 윤리적 행위의 절대적 근거를 신의 거룩한 의지와 합치시켜 이를 신봉하게 되면 인간의 윤리적 행위는 절대적 타당성을 갖게 되어 완전성과 확실성을 동시에 갖게 된다.

그러나 이러한 절대주의 윤리설에도 치명적인 약점이 있다. 첫째, 절대주의 윤리설이 선천적으로 주어져 있다고 주장하는 절대적인 목적이나 법칙 즉 윤리의 최고원리를 연역논리로 증명하거나 또는 경험적 사실로써 뒷받침하기가 불가능하기 때문에 절대적 목적 또는 법칙이 완전한 논리로써 증명되지 못한다. 그리고 절대적 최고의 도덕원리는 증명할 필요가 없이 자명하다고 주장하는 명증설도 논자들이 주장하는 자명한 원리들 상호간의 충돌이 일어날 경우 그 충돌을 조정할 제3의 원리를 제시하기 어렵고, 또 자명한 원리의 추상성으로 인해 다양한 해석이 있게 된다는 난점이 있다.

둘째, 절대주의 윤리설에서 제시하는 도덕의 원리가 너무 막연하여 그것을 해석하고 그에 따라 행동함에 있어서 상당한 혼란을 야기하며, 또 시대와 상황이 다름에 따라서 적절한 도덕률이 적용되어야 함에도 불구하고 언제 어디서나 어떤 경우나 절대불변의 선천적 도덕원리를 적용함으로써 사회규범으로서의 부적합성을 나타내게 된다는 문제가 있다.

셋째, 윤리의 문제를 인간의 다른 사회생활의 문제와 완전히 분리시켜서 오직 개인적 양심의 내면적 문제에만 국한시켜 생각함으로써 윤리의 문제를 일반적 사회문제와 완전히 분리시켜서 생각하게 되고, 이러한 경향은 사회문제의 해결이나 개혁을 해나가야 할 과도기적 국가·사회에서는 장애요소가 된다.

넷째, 윤리의 원칙과 체계를 인간을 위한 것으로 보지 않고 그 자체를 절대적이고 신성한 것으로 여기게 됨으로써 인간보다는 윤리의 가치를 더욱 중시하게 되어 도덕을 위한 도덕이 되게 하고, 그것은 마침내 인간생활로부터 도덕이 거부되는 현상을 가져오게 된다.

다섯째, 절대적 윤리체계는 대부분 지나치게 금지적·부정적 계율이 많아 그러한 지나친 계율이 적합성을 잃은 새로운 시대나 계층에서 준수가 강요될 때 억지로 이를 지키게 함으로써 반동심리를 자극하여 윤리에 대한 증오심을 유발할 수도 있다. 또 윤리규범을 불가피하게 지켜야 하기 때문에 이를 지키는 척하는 위선자를 배출할 염려가 있다.

제4장 공리주의 윤리설

1 공리주의란 무엇인가

고대 희랍의 에피쿠로스(Epikuros)학파가 사라진 이후 쾌락주의는 거의 2천년 동안 아무런 발전이 없었다. 그러나 18, 19세기 근대 영국의 철학자들이 쾌락주의에서 사회적으로 적용 가능한 개인 윤리를 찾고부터 쾌락주의의 새로운 장이 열리면서 커다란 세력으로 발전하였다. 직관주의 철학에 반기를 들고 일어선 공리주의(utilitarianism)는 윤리적 행위란 쾌락, 즉 행복을 가져오는 행위로 규정한다. 행복이 크면 클수록 그 행위의 도덕적 가치가 더욱 크다고 보며 사람들이 더 많은 행복을 얻으면 얻을수록 그들의 행위는 더욱더 칭찬할 가치가 있다고 본다. 더욱이 그들은 자기 개인의 쾌락보다도 사회전체의 공중적 쾌락을 역설했다는 점에서 종래의 쾌락설과는 차이점이 있다. 그리고 그들은 행동의 여건과 결과에 관한 검토는 도덕적인 가치판단의 근거가 된다고 생각한다.

흄(Hume)은 영국의 사상사에서 도덕의식의 이론으로부터 기본적인 공리주의적 전제에로의 길을 열었으며 공리주의의 창시자라고 불려진다. 그러나 보통 공리주의 철학과 관련된 두 인물은 벤담(Bentham)과 밀(J. S. Mill)이다.

그들이 주장했던 고전적 공리주의는 다음과 같은 세 가지 명제로서 요약될 수 있다.

① 행위는 오직 그 결과에 의해서만, 옳고 그름이 판단되어야 한다. 그 이외의 다른 어떤 것도 문제가 되지 않는다. 옳은 행위란 단지 최선의 결과를 이끄는 행위이다.
② 결과를 평가하는데 문제가 되는 유일한 것은 행위에 의해 발생하게 될 행복과 불행의 양이다. 그 외의 모든 것은 관련이 없다. 그러므로 옳은 행위란 불행에 대한 행복의 최대 잉여를 낳게 하는 행위이다.
③ 앞으로 초래되어질 행복 또는 불행을 계산함에 있어서 어떤 사람의 행복도 다른 사람의 행복보다 더 중요한 것으로 계산되어서는 안 된다. 각 개인의 행복은 똑같이 중요하다.

밀은 그의 『공리주의』에서 다음과 같은 주장을 한다. 행위에 있어 옳은 것에 대한 공리주의자의 표준을 형성해주는 그 행복은 그 행위자 자신의 행복이 아니고 그와 관련된 모든 사람의 행복이다. 자기 자신의 행복과 다른 사람의 행복 사이에서 공리주의는 사람들이 욕심을 버리고 자선적인 관찰자처럼 엄정하게 공정한 입장을 취할 것을 요구한다. 그러므로 옳은 행위는 불행에 대한 행복의 가능한 최대의 잉여를 생산하는 행위이며, 그 경우 각 개인의 행복은 똑같이 중요한 것으로 계산되어야 한다. 철학자, 경제학자 그리고 인간의 행위의 결정에 관해 체계를 세우려는 다른 사람들에 대한 이 이론의 호소력은 엄청난 것이었다. 이 이론은 비록 무수한 논쟁의 도전을 받아왔음에도 불구하고 많은 사람들에 의해 계속 지지되고 있다.

행위에 대한 도덕 규칙의 기능은 무엇인가? 이 물음에 대하여 공리주의자들은 두 가지 다른 대답을 하는데 이것은 공리주의의 두 가지 형태 즉 행위 공리주의(act-utilitarianism)와 규칙 공리주의(rule-utilitarianism)를 구별하는 기초가 된다.

2 | 행위 공리주의

행위 공리주의는 행위자가 어떤 행동의 선택을 하게 되는 경우에 정당한 행동이란 행위자 자신뿐만 아니라 어떤 방식으로든 그 행동의 영향을 받는 사람들 모두를 위해서 최대의 행복을 산출하는 것이라고 주장한다. 최대로 가능한 전체의 행복이나 효용(utility)—이것은 때때로 최대다수의 최대행복(the greatest happiness of the greatest numbers)이라고 말하기도 하지만—이 정당한 행동의 기준으로 제시된다. 그리고 행복은 고통보다는 쾌락을 우위에 두는 것으로서 대체로 쾌락주의적으로 해석된다. 이것은 양자택일적인 행동의 각 진행에 대해서 상이한 사람들을 위해서 산출하는 모든 쾌락의 양을 측정하고 또 더해 주는 것이 원리적으로 가능하다고 보는 것이며, 마찬가지로 모든 고통이나 곤궁의 양을 측정하고 더해 주는 것과 고통의 합을 쾌락의 합으로부터 빼는 것이 원리적으로 가능하다고 보는 것이다. 그렇다면 정당한 행동은 쾌락을 고통의 우위에 두는 최대의 적극적 잉여이거나 최소의 소극적 잉여를 성립시키는 행동이다.

이러한 주장에는 몇 가지 분명한 장점이 있다. 만일 도덕성이 행위를 안내하는 것이라면 도덕성은 행복과 상관되는 어떤 것을 가지고 있어야 한다. 쾌락을 추구하고 곤궁과 고통을 회피하는 것은 자연스러운 일이다. 뿐만 아니라 이들 서로에 대해 균형을 잡아 주는 것이나 얼마간의 쾌락을 얻기 위하여 일정한 양의 고통을 견디어 내는 것은 의미 있는 일이다. 정당한 행동의 기준으로서 일반적인 행복을 취하는 경우에 이러한 주장은 도덕적 행동이 비이기적이어야 하며, 도덕 원리는 공정해야만 한다는 가정을 즉시 만족시켜 준다. 이 주장은 조리 있는 행위의 체계를 제공해 주기도 한다. 무엇이 옳은가 또는 그른가에 대한 모든 결단이 직접적으로 하나의 단순한 출처로부터 나온다. 우리는 대부분의 상식이나 직관적인 법칙들을 일반적인 법칙들을 증진시켜 주는 자신의 성향에 의해서 정당화된 일반적인 것으로 설명할 수 있다. 그러나 두 가지의 상식적인 법칙이 갈등을 일으킬 경우에는 무엇을 할 것인가를 결단하기 위해 효용성에 직접 호소할 필요가 있다.

그러나 행위 공리주의를 찬성하는 데에는 어려운 점이 있으며 또 불확정성이 있다. 먼저 "어떤 방식으로든 영향 받는 사람들"이라는 말에 무엇을 포함시켜야 할 것인가? 라는 문제이다. 이것은 '어떤 인간'이나 '모든 지각 있는 존재'를 의미하는가? 또 이 말은 지금 살아 있는 사람만을 포함하는가? 아니면 미래세계도 포함하는가? 하는 등등의 문제가 야기될 수 있다.

그리고 또 제안된 기준이 단순히 최대의 전체적 행복인지 또는 그것이 행복의 배분방식을 문제 삼는 것인지 분명치 않다. 단지 행복의 전체적 양이 아주 크다고 할 때, 한 사람이 최고로 행복하고 나머지 아홉 사람이 비참한 경우가 열 사람이 동등하게 행복한 경우보다 더 좋은 것인가? 우리는 공리주의를 집합의 원리에만 정초하는 것으로 해석해야 하는가? 또는 이와 마찬가지로 배분의 원리를 포함시켜서 해석해야 하는가? 만일 그렇다면 배분의 원리는 어떤 것인가? 행복은 공적에 비례하거나 동등하게 배분되어야만 하는가?

"모든 사람은 각기 하나로 계산 될 수 있으며 아무도 하나 이상이 아니다"라는 벤담의 말은 하나의 배분적 주제로 간주되어 왔다. 그러나 그것은 아무런 명백한 배분의 원리도 제공해 주지 못한다. 그리고 거기에 조금이라도 똑같지 않은 비중이 주어져서는 안 되며 귀족의 행복은 농민의 행복보다 더 중요한 것이 아니라고 하는 단지 하나의 교훈으로서 오히려 자연스럽게 받아들여질 뿐이다.

3 | 규칙 공리주의

규칙공리주의(rule-utilitarianism)는 도덕에 있어서 규칙의 중요성을 강조함과 아울러 일반적으로 우리가 특정한 상황에서 해야 할 바를 판정함에 있어서 어떤 행위가 문제의 상황에서 최선의 결과를 가져오는가를 묻는 것에 의거하지 않고 "진실을 말하라" 또는 "거짓말을 하지 말라"와 같은 어떤 규칙에 호소한다는 것을 주장한다. 다시 말하면 문제가 되는 것은 어떤 행위가 최대의 공리(utility) 즉 행복을 낳는가가 아니고 어떤 규칙이 최대의 행복을 가져오는가가 문제이다. 공리의 원칙은 일반적인 경우에는 어떤 특정한 행위를 수행해야 할 것인가를 결정함에 있는 것이 아니고 어떤 것이 규칙이 될 것인가를 결정함에 있다. 규칙은 어떤 다른 근거에 의해서가 아니라 그들의 공리에 근거해서 선정되고 주장되며 개조되고 대치된다. 공리의 원칙은 여전히 궁극적인 기준이기는 하나 그것은 개별적인 판단의 차원에서 보다는 규칙의 차원에서 의거하는 기준이 된다. 이러한 견해는 버클리(Bishop Berkeley), 브란트(R. B. Brandt) 등 많은 철학자들에 의해 옹호되어 왔다.

하나의 비유적 예를 들어보자. 어떤 특정한 경우에 나는 거리의 좌우 쪽 가운데 어느 쪽으로 차를 몰아야 할 것인가를 물어 볼 수 있다. 그 해답을 찾기 위해서 나는 어떤 대안이 최대의 일반적 선을 결과할 것인지 알려고 애쓰지는 않을 것이다. 그 대신에 법이 어떤가를 묻거나 확인하고자 애쓰게 될 것이다. 법은 언제나 우리에게 차를 오른쪽으로 몰 것을 명한다. 그러한 법이 존재하는 이유는 경우에 따라 가장 편리하다고 생각되는 쪽으로 차를 모는 대신에 우리가 언제나 최대의 일반적 선을 위해서는 언제나 그에 따라 행위하게 될 그런 종류의 규칙을 가져야만 하기 때문이다. 만일 어떤 이유로 우리가 왼쪽으로 차를 모는데 특별한 어려움이 있다고 가정할 경우 공리주의적 근거에 의해서 우리는 우리에게 언제나 오른쪽으로 차를 몰게끔 명하는 법을 가져야 한다는 결론이 나오게 된다. 이것은 비록 그 예가 법에 관한 것이기는 하나 우리가 도덕적으로 옳은 것이 무엇이며 행해야 할 의무가 무엇인가를 결정하는 방식에 대한 규칙 공리주의의 입장을 예시해 주고 있다.

그러나 규칙 공리주의는 결국 행위 공리주의와 동일한 것으로서 아무런 실질적 차이점이 없다는 비판이 있다.

4 공리주의의 의의 및 비판

공리주의는 일반적 행복(general happiness)을 궁극목적으로 삼고 이기주의와 이타주의의 종합을 꾀하는 일종의 쾌락주의이다. 그것은 도덕적 선의 근거를 공리 즉 행복에의 수단으로서의 유용성에다 두는 도구주의로서 하나의 행위가 옳은지 그른지를 결정하기 위해서 우리는 그 행위의 결과를 고려해야 한다는 것이다. 만일 어떤 다른 문제 역시 행위의 옳고 그름을 결정하는데 중요하다는 사실이 판명된다면 공리주의는 그 근거에서부터 흔들리게 될 것이다. 반공리주의자들은 어떤 행위가 옳은지 여부를 결정하는 데는 유용성뿐만 아니라 다른 여러 가지 사항도 함께 고려되어야 한다고 주장한다. 그러나 공리주의는 여러 가지 문제점을 안고 있음에도 불구하고 복잡하고 다양한 현대사회에서 가장 합리적인 윤리설로 각광받고 있다. 그 결함들은 계속 심층적으로 분석되고 또 검토되고 있으나 아직 공리주의를 대체할 만한 새로운 이론은 나타나지 않고 있다. 공리주의는 실증적이고도 구체적인 행위의 지침을 마련하고 있기 때문에 이론적인 난점이 있기는 하지만 현실적으로는 가장 설득력 있는 윤리설이라고 할 수 있다.

그러나 공리주의가 단순히 개인적인 차원에서 바람직한 삶을 살기 위한 행위의 지침을 마련하는 범위를 넘어서 한 국가의 정책을 결정하거나 법정에서 죄수를 다스릴 때처럼 사회정의를 구현하기 위한 차원에서 적용되는 경우에는 예기치 않은 위험성을 안고 있는 것도 사실이다. 공리주의는 모든 사람이 동등한 자격으로 행복을 누려야 하고 또 사회 전체의 행복에 이바지해야 한다고 주장한다. 그러나 이러한 주장은 공리의 원리 즉 "한 행위가 행복을 얼마나 증가시키는 경향을 가졌느냐에 따라 선하며 행복에 반대되는 것을 얼마나 산출하는 경향을 지녔느냐에 따라 악하다"는 원리를 전제로 하고 있으므로 일반 행복을 위해서는 개인의 행복을 양보해야 하는 경우가 생긴다. 더욱이 이것을 일반화하여 사회정의의 이론으로 응용하고자

할 때에는 밀(Mill)자신이 염려하는 바와 같이 다수의 횡포를 막을 길이 없게 된다.

제2부

공학윤리

ENGINEERING ETHICS

ENGINEERING ETHICS

제1장 공학윤리란 무엇인가

1 | 공학윤리 교과목의 성격

공학윤리는 과학인과 공학인이 직업 현장에서 직면하게 되는 윤리적 문제를 다룬다. 구체적으로 이러한 윤리적 문제로는 공중의 안전, 인명 피해, 인간에 의한 재해, 뇌물 수수, 사기, 기만, 환경오염과 파괴, 연구와 검사(테스트)에서의 공정성과 정직성, 연구경쟁과 표절, 규범과 가치 간의 내적 충돌과 이해당사자 간의 이해충돌, 이익집단의 갈등, 내부고발의 문제 등이 있다.

프레더만(Fleddermann)은 "공학윤리(학)는 공학인들이 전문가로서의 역할을 수행함에 있어 그들의 행위를 제어하는 규칙들과 기준들에 관한 연구"라고 정의하고 있으며, 이와 관련하여 폴 굿맨(Paul Goodman)은 "기술이 새로운 과학적 연구에 의존하든지 그렇지 않든지 간에 기술은 과학이 아니라 도덕철학의 한 분과이다"라고 말한다. 공학인의 삶은 자신들이 수련한 직업 생활을 중심으로 이루어지며 공학윤리는 공학인의 기본 정신이다. 따라서 넓은 의미의 공학윤리는 공학인들이 자신들의 직업적 재능으로 스스로 행동해야 할 방법을 지시해주는 철학의 한 부분이다. 이런 측면에서 공학윤리는 공학인들에게 자신의 행동과 삶의 철학을 형성하는데 기여할 것이다.

공학윤리는 과학윤리(Ethics of Science)와 공학윤리(Engineering Ethics) 모두를 포괄하는 개념이다. 엄밀한 의미에서 과학윤리는 과학연구자의 윤리이고 공학윤리는 공학인의 윤리이기도 하다. 그러나 과학인과 공학인의 활동은 그 구별이 그다지 엄격하지는 않다. 과학과 공학은 분리할 수 없는 밀접한 관계가 있기도 하지만 공학은 과학의 응용 즉 과학기술의 개발을 위한 연구를 전제로 하기 때문에 공학윤리는 과학윤리의 내용을 공유하고 있다.

미국에서의 공학윤리 과목은 미국의 공학 및 과학기술 인증원(ABET; Accreditation Board of Engineering and Technology)에서 권장하는 교양과목이다. 이 과목의 교육 목적은 공학인의 직업 현장에서 일어나는 문제들 중 가장 어려운 문제에 속하는 윤리적 딜레마의 해결을 위한 근본 대책을 공부하여 공학인과 관련된 비윤리적 사건들을 예방하고 공학인들 자신의 삶을 보람되게 하자는 것이다. 또한 그 연구 목적은 공학인의 직업 실천상의 윤리적 문제들을 연구하여 위의 교육 목적에 기여하고자 하며 이를 위하여 폭 넓고 깊이 있는 연구가 필요하다. ABET에서는 공학인이 지켜야 할 윤리강령을 정해놓고 있다. 우리나라에서도 ABET와 같은 취지로 1991년 한국공학교육인증원(ABEEK; Accreditation Board for Engineering Education in Korea)이 설립되었고, 현재 공과대학이 있는 국내의 여러 대학들이 가입해서 공학교육 인증을 받고 있다.

1) 공학윤리는 왜 배워야 하는가?

최근 공학인의 의무에 관련한 사고 사례들이 증폭하고 있다. 예를 들어 공학식품의 피해, 공학적 대형사고, 기술적 재해, 교통사고, 그리고 이러한 사고들로 인한 재산 손실 및 업무의 방해 등이 그러한 사례들이다. 그리고 이로 인하여 공학윤리의 중요성에 대한 인식이 사회적으로 확산되고 있다.

현대의 삶에서 공학인의 작업이 사회, 경제, 정치 등에 미치는 막대한 영향을 고려한다면 이제 공학인의 윤리 의식이 사회발전에 가장 중요한 변수로 등장하고 있다고 볼 수 있다. 즉 공학인의 윤리 의식은 공공인의 건강, 국민보건, 공공의 안전, 경제적·정치적 안정 등에 작용하는 가장 중요한 변수가 되고 있는 것이다.

이에 따라 앞으로 많은 주요 기관들에는 윤리부(ethics office)가 계속 신설될 것이고 윤리위원회가 가동될 것이다. 또한 영향력 있는 공학인들은 윤리 문제와 관련된 회의들에 직접 참여하게 될 것이며 이러한 기회는 그들의 지위가 높아지면 높아질수록 많아지게 될 것이다.

2) 공학윤리의 성격과 교육목표

공학윤리의 교육목표는 미래의 공학인들인 공과대학 학생들에게 그들의 전문 직업과 관련하여 도덕적 자율성(moral autonomy)을 함양시키는 데 있다. 도덕적 자율성이란 비판적으로 그리고 독립적으로 도덕적 쟁점(issue)들에 관하여 분석하고 해결할 수 있는 능력을 의미하는 동시에 이를 직업적·공학적 실천에 있어 직면하게 될 여러 상황들에 적용하는 능력을 의미한다.

그러므로 공학윤리의 성격과 이에 따른 학습목표는 다음과 같다. 먼저 공학윤리가 가지는 특수한 성격으로서는 첫째 공학의 기술적 복잡성을 들 수 있다. 이 복잡성으로 인해 일반인들은 공학인들에 의해 저질러질 수 있는 비윤리적 행위들을 쉽게 감지하기가 힘들다. 그리고 둘째 공학적 결과물들은 언제나 대형 혹은 잠재적 사고들을 야기할 수 있는 위험성을 내포하고 있다. 우리나라의 성수대교 붕괴사고나 삼풍백화점 붕괴사고, 그리고 대구지하철 화재참사 등을 떠올린다면 이것은 쉽게 이해될 것이다. 셋째 윤리적 원리들이 충돌할 경우 이의 해결을 위해서는 공학적 접근뿐만 아니라 윤리적 신중성이 요구된다. 그러므로 공학윤리는 옳다고 인정되는 일을 단지 기계적으로 실행하는 훈련이 아니라 복잡한 문제를 분석하는 훈련이며 그러한 문제들을 가장 윤리적으로 해결하는 방법에 대한 학습이 그 목표라고 할 수 있다.

3) 윤리문제의 성격

윤리문제는 문제라기보다는 오히려 해결해야 할 과제라고 말하는 것이 더 적절하다. 왜냐하면 윤리 문제에 대한 답은 하나의 옳은 정답(unique correct answer)이 아니기 때문이다. 이런 의미에서 윤리문제의 답은 해답(answer)이 아니라 여러 해결책(solution)이라 볼 수 있다. 그런데 해결책에는 분명히 최선의 해결책과 차선의 그리고 제3, 4의 해결책 등의 서열이 존재한다. 이 서열을 정하고 이 중 최선의 해결책을 선택하는 것이 곧 윤리 문제를 푸는 절차가 된다. 이런 의미에서 윤리 문제를 해결하는 것은 공학적이라 할 수 있다. 즉 윤리문제를 해결하기 위해서는 기술, 즉 문제 해결의 기술(problem-solving technique)을 요한다. 이런 측면에서 응용윤리학을 윤리 공학(ethics engineering)이라 칭하기도 한다.

이러한 특성은 공학적 결정의 과정과 비교해 보면 쉽게 이해될 수 있다. 공학 실천의 핵심 활동은 생산품, 구조물, 공정-제조과정 등의 설계(design)라 보아도 무방하다. 디자인 문제 해결을 위한 평가 세목과 기준들은 성능(performance), 미(aesthetics), 가격(price) 등의 높고 낮음과 같은 정성적 평가세목들이다. 공학 설계에서는 하나의 정답이 없다. 가령 교량을 건설하고자 할 경우 하나의 설계안이 아니라 여러 가지 설계안이 있을 수 있다. 그리고 이들 설계안들 중에서 최선의 설계안, 차선의 설계안 등 가능한 많은 해결책들이 있을 수 있고 이들 해결책에는 역시 서열이 존재한다. 윤리 문제도 이와 유사하다. 또 다른 유사성은 공학적 문제나 윤리 문제 모두 만족스러운 해결을 위해서는 토대가 되는 기본적인 지식을 가지고 있어야 하며 논리적 사고력을 바탕으로 하는 분석적 기량이 필요하다는 점이다.

2 공학윤리 문제의 이해

사례연구

인도 보팔(Bhopal)시의 가스 유출 참사

① 사고 개요

1984년 12월 2일 밤 인도의 보팔시에 위치하고 있는 미국의 화학품 제조공장인 유니온 카바이드(Union Carbide)의 부설 공장에서 독성 가스가 흘러나왔다. 이 가스는 순식간에 보팔시를 뒤덮었고 이로 인해 공장 주변에 살고 있던 많은 빈민가 주민들이 사망하고 부상당하는 참사를 당하였다. 사고의 진원지는 이 공장에 설치된 메틸 이소시아네이트(methyl isocynate, MIC)를 저장하는 탱크였다. MIC는 세빈(Sevin)과 같은 살충제 제조에 사용되는 독성이 강한 화합물이다. 당시 MIC 저장 탱크의 저장량은 38,500리터 정도였다. 이 저장 탱크로부터 막대한 독성 가스의 구름이 흘러나와 공장 주위와 보팔시를 뒤덮었던 것이다.

② 사고의 원인과 결과

사고의 원인은 완전히 해명되지는 않았으나 파이프의 연결과 주 안전시스템의 부실로 보여 진다. 그리고 가스 누출은 MIC 탱크에 물이 흘러들어간 것이 원인이라 추정된다. 물과 MIC 액체는 서로 혼합될 경우 막대한 화학적 반응을 일으키게 된다. 당시 물이 섞인 MIC 탱크 안의 액체 온도는 F 400도로 상승되었으리라고 추정된다. 고도의 온도는 MIC를 증발시켜 탱크 안에 매우 높은 압력을 형성시키게 되고 내부 압력이 커지게 되면 압력-완화 밸브가 터져 결국 MIC 증기를 대기로 누출시키게 된다.

당시 물이 MIC 탱크에 들어온 것은 우발적이었던 것으로 보인다. 정비소에는 두 대의 파이프가 나란히 있었다. 그 중 하나의 파이프는 질소를 포함하고 있어 탱크를 압력에 견디도록 만들어졌고 액체 MIC가 이동하는데 맞도록 되어 있었다. 다른 하나의 파이프는 물을 포함하고 있었다. 그런데 아마도 누군가가 실수로 질소 파이프 연결 대신에 물파이프를 MIC 탱크에 연결한 것으로 보인다. 사고는 갑자기 생기는 것으로 240갤런(1갤런=3.85리터)으로 추정되는 물이 MIC 저장 탱크로 투입되면서 사고가 급속히 발생한다.

사고 당시 MIC 탱크에는 위험한 온도에 도달하면 경고하도록 경고 장치가 설치되어 있었다. 그런데 한 번도 경고를 울리지 않았던 것으로 보아 이 장치의 설계는 부적절했던 것으로 판단된다. 그 외에도 공장에는 점화대가 설치되어 있었는데 이것은 독성 증기가 대기로 진입하기 전에 모두 태워 없애도록 설계되었다. 이렇게 함으로써 MIC의 증기를 모두 태워 없애거나 아니면 인근 주민들에게 도달할 수 있는 MIC의 양을 최소한도로 감소시킬 수 있도록 한 것이다. 그런데 이 점화대마저 사고 당일 작동하지 않았다.

결국 이 사고로 인해 보팔시의 주민 2000여명이 사망하고 20만 여명이 부상당하였다. 그리고 이들 부상자들 중 상당수는 평생 지체장애자가 되었다.

③ 사례의 성격과 윤리적 문제점

이 보팔시의 가스 참사는 중요한 공학윤리적 문제점들 중 하나인 균형의 문제(problem of balance)가 가장 많이 반영되어 있는 사례이다. 즉 유니언 카바이드의 공장 설립에 있어 지역 공동체에 대한 모험과 더 큰 소속 공동체 혹은 국가에 대한 경제적 이익 중 어느 것이 더 비중이 클 것인가 하는 문제이다. 의심의 여지가 없는 것은 이 화학 공장의 존재가 지역 경제상 엄청난 이익을 가져왔다는 점이다. 그렇지만 한편으로 공장의 사고는 지역 공동체에 역시 엄청난 재난과 불행을 야기했다. 그렇다면 여기서 우리가 생각해보아야 할 문제는 다음과 같다.

1) 막대한 인간 생명의 희생을 불러일으킨 이 공장의 설립 결정을 우리는 어떻게 보아야 할 것인가?
2) 모든 것을 고려해 볼 때 이 공장이 가져다 준 경제적 이익이 잠정적 위험, 즉 사고가 발생할 경우의 손실 보다 비중이 훨씬 더 큰 것인가?
3) 희생자가 공장 설치의 결정에 참여하지 않았다면 혹은 간접적으로 참여했다고 하더라도 이들의 희생은 공동체 전체의 이익을 위해 미화되어야 하는 것으로 끝나야 하는가? 즉 다수의 이익을 위해서라면 소수는 희생되어도 좋은가?
4) 아무리 소수라고 하더라도 인간 생명의 희생은 보상될 수 없다. 왜냐하면 보상 받을 대상자 자체가 희생되었기 때문이다(보상 불가성의 문제). 희생자의 가족은 보상의 직접적인 대상자 즉 본질적인 피해자는 아니다. 이것을 염두에 둔다면 이러한 희생을 정책 결정상 불가피한 것이라 할 수 있는가?

이러한 문제의 해결을 위하여 그리고 다른 공학 윤리적 사례들을 분석하기 위해서는 윤리 문제 분석에 대한 윤곽이 필요하다. 이를 위해서 우리는 1부에서 살펴보았던 여러 도덕 이론들을 토대로 하여 이들이 어떻게 보팔시 재난과 같은 윤리적 사례들을 분석하기 위한 수단으로 사용될 수 있는지 알아볼 것이다.

먼저 윤리 문제를 해결하는 방식은 교량 건축 설계 문제의 해결 방식과 유사하다. 교량을 건설하기 위해서는 먼저 수학과 물리학에 대한 기초 학습이 이루어진 다음, 이를 응용하여 정역학과 동역학 그리고 토목 공학 등의 전공학습이 이루어져야 한다. 이 과정에서 가장 중요한 것은 기초 이론의 지식 기반일 것이다. 이를 잘 이해했을 때 교양의 건축 설계가 가능해질 것이다. 마찬가지로 윤리 문제를 해결하기 위해서는 기초 윤리 이론에 대한 지식이 필요하다. 이런 이유에서 우리는 제1부에서 핵심적인 기초 윤리 이론들을 학습해 온 것이다.

1) 공리주의의 원리와 문제점

공리주의는 인간의 행복(well-being)을 최대화하는데 기여하는 행동을 선으로 본다. 그런데 그 초점은 개인의 행복보다는 오히려 소속 집단(사회)의 행복에 맞추어져 있다. 따라서 공리주의의 원리는 목적론적·결과론적 윤리의 원리로 해석될 수 있다. 즉 좋은 행동은 좋은 목적이나 결과를 산출할 수 있는 행동인 것이다.

공리주의적 원리가 공학적으로 가장 많이 적용된 사례는 19세기에 많이 이루어진 댐 공사이다. 댐은 주민들의 식수 공급원, 농업과 공업을 위한 수자원의 확보, 수로의 조정, 휴양지의 건설 등 사회에 주는 이득이 많다. 그 대신에 댐이 들어서게 되는 인근 지역민들의 부담은 매우 크다. 이처럼 개인과 사회의 이득이 상충될 경우 공리주의는 이에 대한 균형을 최대 다수의 최대 이익(the most benefit to the most people)에 의존하여 추구한다.

(1) 공리주의 사용의 문제점 1 : 분해의 오류

공리주의는 공학적 분석에서 특히 모험-이익의 분석(Risk-Benefit Analysis)과 비용-이익의 분석(Cost-Benefit Analysis)에서 대단히 중요한 도구로 사용된다. 그러나 공학 윤리적 문제를 해결하기 위해 공리주의적 원리를 적용할 경우 예상되는 몇 가지 중요한 문제가 있다.

먼저 공리주의적 원리는 "집단의 행복은 소속 개인의 행복을 내포한다"는 전제에 의존한다. 하지만 이러한 주장은 분해의 오류(Fallacy of division)라는 논리적 오류를 내포하고 있다. 이것은 전체의 성질을 부분의 성질로 환원하는 논리적 오류이다. 예컨대 어느 한 국가의 GNP가 2만 불이라고 해서 국민 개개인이 2만 불의 생활수준을 영위하는 것은 아니다. 오히려 전체 집단을 위하여 좋은 일은 특수한 개인이나 소수의 집단에게는 악일 수 있다. 즉 인도 보팔시의 가스유출 참사에서 볼 수 있듯이 집단 이익의 추구는 불가피하게 소수에 대하여 극도의 악을 자행하거나 발생시킬 수 있는 것이다.

이와 관련된 사례로서 WIPP(Waste Isolation Pilot Plant, 방사능 폐기물 격리 저장소) 건립의 문제를 들 수 있다. 미 연방정부는 New Mexico 주 Carlsbad 근처의 지하 소금 층에 터널 시스템을 구축하기로 했다. 이 WIPP 건립에 반대하는 사람들은 저장소 인근의 주민들과 폐기물 운반 고속도로 주변의 주민들이었다. 그 이유는 운반 도중의 사고 잠재성과 핵폐기물 운반이 주민들에게 미칠 수 있는 잠재적 악영향 때문이었다. 그런데 이러한 WIPP의 설치는 공리주의적 원리에 의존하고 있다. 즉 WIPP의 건립에 대한 공리주의적 분석은 다음과 같다. 방사성 폐기물의 처리는 방사성 동위원소의 의학적 사용, 에너지 재원의 확보, 핵폐기물 처리장의 건설에 따른 보건상의 이익과 풍부한 전력의 사용 등의 사회적 이득에 비하면 운반 도로 주변의 거주민들에게 미치는 약간의 잠재적인 건강에 대한 위협은 상대적으로 비중이 낮다는 것이다.

(2) 공리주의 사용의 문제점 2 : 이해충돌의 가능성

공리주의는 개인들의 요구를 무시하는 경향이 있다. 그 결과 다수의 이득에는 반드시 소수의 불이익, 즉 희생이 수반된다. 따라서 공리주의의 사용은 개인 혹은 소집단의 희생을 강요한다. 따라서 이해 집단들 간의 이해 충돌이 발생할 가능성이 상존하고 있다. 그렇다면 이 경우에 불이익을 받는 사람은 주로 어떤 사람일까? 그리고 소수의 불이익은 과연 얼마만큼이나 보상될 수 있을까?

(3) 공리주의 사용의 문제점 3 : 결과 측정의 모험성

공리주의의 사용은 무엇이 최대선(the best good)으로 인도되는가에 대한 지식에 결정적으로 의존한다. 그러나 어떤 행위의 결과를 정확히 안다는 것은 어렵거나 불가능한 경우가 많다. 즉 모든 예상되는 잠정적인 결과들을 결정하기 위한 테스트가 항상 불완전하거나 많은 경우 불가능한 것이다. 특히 인간이 실험의 대상에 포함되는 경우가 그러하다. 예컨대 유전자 조작식품(GMO; Genetically Modified Organisms)이 인간에게 미치는 영향을 알아보기 위해 어떻게 인간을 실험대상으로 할 수 있겠는가? 그러므로 사회이익의 극대화를 위한 결정은 단순히 추측물(guesswork)에 불과할 수 있으며 그 추측이 맞지 않을 위험을 항상 내포하고 있는 것이다.

(4) 공리주의 사용의 문제점 4 : 공리주의적 결정은 비윤리적 결정으로 전락될 수 있다.

위에서 열거한 이러한 문제점에도 불구하고 공리주의는 윤리 문제의 해결에 대단히 유효하고 강력한 방법이다. 특히 이것은 공학 윤리적 사례를 바라보는 방법을 제공한다. 그러나 공리주의 원리의 사용은 위에서 말한 문제점들이 해결되지 않으면 언제나 불완전하고 위험한 비윤리적 결정으로 전락하게 된다. 그리고 만일 예상되는 좋은 결과가 나오지 않을 경우 결과를 중시하는 공리주의 자체의 원칙에 따르면 자동적으로 비윤리적, 비도덕적 결정이 된다. 그리고 이 경우 결정에 참여한 사람은 비윤리적, 비도덕적 행위자로 남게 된다.

(5) 비용–이익의 분석

비용–이익의 분석은 보통 손익계산 혹은 수지계산이라 불린다. 공학적 분석에서 특히 어떤 프로젝트의 유의미성을 결정할 때 가장 많이 쓰이는 도구 중 하나가 비용–이익 분석이다. 이런 유형의 분석에는 근본적으로 공리주의적 원리가 적용된다. 프로젝트에 투입되는 비용과 산출될 이익의 분석에서 비용에 대하여 높은 이익율을 가진 프로젝트만이 채택된다. 이 원칙은 바로 보편선(the overall good)의 극대화라는 공리주의적 목표와 유사하다. 이러한 비용–이익의 분석이 가지는 장점은 프로젝트의 비용과 이익이 금전상으로 결정되면 수학적 상호 비율이 정해짐으로써 상당히 객관적인 국면으로 보이기 때문에 채택 여부를 결정하기에 가장 좋은 수단이 될 수 있다는 점이다. 그러나 공리주의적 견지에서 볼 때 비용–이익 분석의 사용에는 몇 가지 함정이 있다.

첫째 대다수 프로젝트의 비용 산출은 비교적 쉽게 결정되는 반면에 그에 따른 이익의 예상과 이의 금전적 환산은 비용계산 보다 더 어렵고 예측하기 어려운 경우가 대부분이다.

둘째 비용은 결정의 많은 주관적인 국면들, 가령 금전적으로 계산하기 어려운 것들을 고려하지 않게 된다. 많은 경우 비용의 계산 중 금전상으로 계산될 수 없는 것들이 있다. 예컨대 사고가 발생할 경우 생명의 손실, 신체적 상해, 자연 환경의 파괴, 문화재의 파손 등은 금전적으로 계산하기 어려운 높은 가치의 손해들이다. 그런데 회사의 프로젝트가 이와 관련될 때 이를 비용 계산에 산입하여야 함에도 불구하고 이의 주관적 성격 때문에 높이 계산되지 않는 것이 예사이다. 한 가지 예를 들어보자. 비용–이익의 논의에 따르면 댐 공사는 뛰어난 발상이다. 그러나 이것은 다른 관점들을 배제한다. 즉 수려한 자연 경관의 파괴 혹은 현재로서는 경제적 가치가 없어 보이는 멸종 위기의 생물 종의 상실과 같은 것이 좋은 예이다. 이와 같은 것은 금전적으로 계산하기 매우 어려운 일이고 한 번 파괴되면 복구가 불가능한 것이다.

셋째 비용의 부담자가 프로젝트의 주체만이 아닌 경우가 허다하다. 어떤 프로젝트가 환경의 변화를 초래할 경우 이 변화에 수반되는 비용이 발생한다. 대개의 경우 인근 주민이 피해를 보게 되고, 이 때 피해의 복구에 드는 비용은 전 주민의 납세에 의존한다. 그렇지만 이런 경우 그 비용의 부담은 프로젝트의 주체들이 고려하여야 할 일이다. 왜냐하면 비용-이익의 분석에는 "비용부담자와 수혜자는 일치하여야 한다"라는 원칙이 고려되어야 하기 때문이다. 즉 이익을 얻는 자들(수혜자)이 비용을 지불하는 자(비용부담자)인지를 결정하는 것이 중요하다. 비용의 전부 중 일부는 어떠한 집단에 할당하고(가령 거주민의 세금) 반면에 다른 집단(가령 회사)이 이득을 얻는다면 이것은 공정하지 못하다.

2) 의무윤리의 원리와 문제점

(1) 의무윤리의 원리

사람에게는 누구나 해야 할 일(도덕적 의무)이 있고 이를 하지 못하도록 금지해서는 안 된다. 또한 사람에게는 누구나 하지 말아야 할 일이 있고 이를 하도록 허락해서는 안 된다. 예를 들면 정직할 것, 타인을 괴롭히지 말 것, 어려운 처지에 있는 사람을 도와 줄 것, 남에게 공정할 것 등이 이러한 도덕적 의무에 해당한다. 이러한 것들이 보편적 의무인 이유는 인간 존재의 존엄성에 대한 표현이며, 개인의 자율성에 대한 존중을 표현하고 있고, 일반적인 상황에서 누구나 해야 할 보편적인 일에 관한 것이며, 윤리적 황금률로서 다른 사람들이 나에게 그렇게 대해 주기를 바라는 바이기 때문이며,

마지막으로 이러한 것들은 선험적 법칙(무조건적 명령, 양심)의 표현이기 때문이다. 의무윤리가 공리주의와 다른 점은 윤리적 행동은 그 결과와 무관하며 그 자체가 목적이라는 점이다.

(2) 의무윤리의 문제점

① 인격체들 사이에 권리 혹은 의무가 서로 충돌하는 경우가 있다. 가령 의사의 정직성과 환자의 권리의 문제에 있어서 대수롭지 않은 병이라 예상하고 병원을 찾은 환자가 실제로 말기 암으로 판명되었을 경우 의사는 환자에게 이 사실을 말해주어야 할 의무가 있지 않을까? 혹은 아무리 상황이 좋지 않다하더라도 환자는 자신의 정확한 상태를 알 권리가 있지 않을까?

② 의무윤리는 소속 집단이나 혹은 사회 전체의 공동선을 고려하지 않는 경향이 있다. 왜냐하면 의무윤리는 강한 개인주의적 성향(Individual is paramount)을 보이기 때문이다.

③ 현실적으로 도덕적 원리를 충실히 따르는 사람이 단기적 안목에서 보면 불이익을 당하는 경우가 많다. 현실과의 이러한 괴리를 의무윤리는 어떻게 설명할 수 있을까?

④ 인식과 실천의 문제에 있어서 의무와 권리에 대하여 잘 인식하고 있으면서도 현실적으로는 실천하지 않는 사람들이 많은 것이 사실이다.

⑤ 두 가지 이상의 윤리적 의무들이 상호 충돌하는 상황을 의무윤리는 해결하기 어렵다. 왜냐하면 어떤 한 의무를 지킬 경우 다른 의무를 어쩔 수 없이 위배할 수밖에 없는 윤리적 딜레마가 발생하기 때문이다.

3) 적용할 윤리 이론의 선택

윤리학에는 다양한 윤리적 이론들이 존재하기 때문에 어떤 주어진 윤리적 문제를 분석하기 위하여 어떤 이론을 사용할 것인지, 그리고 이를 어떻게 결정할 것인지의 문제가 제기될 수 있다. 물론 최선의 방법은 가능한 이론들을 모두 다 사용하는 것이다. 우리는 이들 모두를 사용하여 문제를 다각도로 분석하여 그 결과가 무엇인지를 검토할 수 있다. 그리고 결과가 각기 다를 수도 있지만 가끔은 같을 수도 있다. 여기서는 대표적으로 공리주의적 원리와 의무윤리의 원리를 사용해서 문제를 분석하는 경우를 살펴보자.

(1) 동일한 분석 결과가 나올 경우

예컨대 어떤 소도시의 화학 공장에서 나오는 폐기물이 지하수를 오염시킨다고 가정해보자. 그리고 이 지하수는 그 도시의 시민들에게 식수를 제공하는 식수원이다. 따라서 폐기물에 오염된 그 지하수는 시민들의 건강을 해칠 것이라고 예측된다. 이제 이에 대한 분석결과를 살펴보자. 먼저 의무윤리적 원리를 적용할 경우 이 식수원의 오염은 많은 거주민의 건강을 해칠 것이며, 어떠한 이유로도 무고한 사람들에게 피해를 끼쳐서는 안 된다는 것이 도덕적 의무로서 인정된다면, 따라서 이것은 비윤리적 행위라는 분석 결과를 쉽게 산출할 수 있다.

다음으로 공리주의적 원리를 적용한다면 그 공장에서 나오는 지역공동체에 대한 이득보다 오염으로 인한 부정적 영향에서 오는 손실(예를 들어 지방자치체의 물 공급 보호와 정수에 쓰이는 비용)이 부담으로 작용할 수 있기 때문에 이익보다 손실이 더 클 것이다. 따라서 이 행위는 바람직한 결과를 산출하지 못하기 때문에 비윤리적이라는 분석 결과를 얻게 된다.

(2) 동일한 분석 결과가 나오지 않을 경우

위에서 언급했던 WIPP의 설치를 예로서 고려해보자. 이 경우 우리가 의무윤리적 원리를 적용한다면 방사성 폐기물을 한 공동체를 지나 운송하는 것은 지역민의 건강을 해칠 수 있으며, 어떠한 경우라도 무고한 사람들을 해하는 행위는 의무윤리상 용납되기 힘들므로 이는 비윤리적 행위라는 분석 결과를 얻을 수 있다.

반면에 이 경우에 공리주의적 원리를 적용할 경우 방사성 폐기물의 처리는 비록 인근 거주민들에게는 약간의 잠재적인 위협이 될 수 있겠지만 사회 전체에 막대한 이득을 가져올 수 있기 때문에 윤리적으로 WIPP의 건립이 정당화 될 수 있다는 분석 결과를 얻게 된다.

이처럼 동일한 결과가 나오지 않을 경우 우리는 어느 결과에 따를 것인가의 문제가 발생한다. 일반적으로 의무윤리는 공리주의에 앞선다. 왜냐하면 개인적 권리(인권)는 비록 소수라 하더라도 사회 전체의 요구보다 더 중요하게 고려되어야 하기 때문이다. 가령 한 사람이라도 그 사람을 죽음으로 인도하는 고의적 행동은 일반적으로 사회 전체의 이익보다 더 부정적으로 간주된다. 이와 같이 모든 윤리적 이론들을 사용하여 문제들을 철저히 분석한 후에야 균형 판단(balanced judgement)이 이루어질 수 있다.

3 윤리 문제 해결법

사례연구

우주왕복선 챌린저호 폭발사건

챌린저호 폭발사건은 전 세계 각계각층의 시민들이 TV의 생중계를 통해 직접 보고 있는 가운데 일어난 충격적인 사건으로, 공학 윤리적 문제의 복잡성과 심각성 그리고 중요성을 전 세계 시민과 함께 실감하게 한 사건이다.

① 사건의 개요

1986년 1월 28일 11시 38분, 우주왕복선 챌린저호는 발사대를 출발한 지 73초 후 폭발했고, 탑승했던 7인의 우주비행사 모두 사망하는 사고가 발생했다. 이들 우주비행사들 중에는 2명의 여성과 1명의 아시아계 미국인과 흑인이 있었다. 그리고 여성들 중에는 맥컬리프(Christa McAuliffe)라는 초등학교 교사도 있었다.

② 사고의 원인

사고 원인은 챌린저호의 우측 고체 연료 추진 로켓의 일부분인 접속 연결 O-ring이 추운 날씨로 인하여 접촉이 느슨했던 데에 있었다. 챌린저호의 설계를 담당했던 엔지니어는 이 결점을 염려하여 발사 연기를 권고하였으나, 경영자는 이 권고를 기각하고 발사를 명령하였다.

구체적인 폭발의 원인은 발사 당일 예상외로 추운 날씨 때문에 우측 고체 연료 추진 로켓의 일부분인 접속 연결 밀봉고무 O-ring에 틈이 생겨 밀봉마개(Putty)에 얼음이 얼었기 때문이다. 실린더 안의 연결부위는 슴베(tang, 위 실린더가 들어가는 부분)와 밀봉고무 O-ring, 밀봉마개 등으로 구성되어 있다. 밀봉고무는 고온에 잘 견디도록 설계되었고 고온 시 잘 밀착되도록 제조되었지만 문제는 저온에서는 수축되어 밀봉이 염려된다는 점이었다. 그러나 안전 온도가 화씨 31도(섭씨 0도=화씨 32도)가 될 정도로 밀봉고무의 이 문제는 개선되었다. 그리고 이 문제는 이전 Titan Missile 제조에서도 늘 문제시 되었던 것이었다. 고체 연료 추진 로켓 설계회사는 타이콜사(Morton Thiokol)였으며, 이 회사는 이전부터 타이탄 미사일 제조로 그 능력을 널리 인정받고 있었다.

당시 챌린저호 발사 기획은 예산을 미 의회의 의결을 거쳐야 할 정도로 막대한 경비를 필요로 하는 것이었다. 따라서 미 의회에서는 높은 예산안에 불만을 가져 발사 연기를 고려하던 중, 비용 절감 안으로 고체연료 추진 로켓의 재 사용안과 발사 목적(원래는 탐사 및 실험 목적) 확대 안이 나왔다. 추가된 발사 목적으로는 1)과학적 탐사 및 실험 목적 이외에 2)상업적 3)교육적 목적이 추가되었다. 그리고 아마도 비공식적이긴 하지만 여기에 4)군사적 목적이 추가되었으리라 짐작된다.

우주선 발사를 성공적으로 해야 하고, 연기하기 어려웠던 사정은 당시 국가 간의 우주개발 경쟁과 NASA 자체의 사업계획 때문이었다. 당시 유럽우주개발국(European Space Agency)에서는 이미 저렴한 로켓을 개발 중이라는 소식과 소련에서도 우주왕복선을 개발 중이라는 소식은 미국 정계를 자극하고 있었다. 또한 NASA에서는 이 계획 이후 곧 Halley 혜성 탐사 로켓의 제조 계획이 진행 중이었다. 상업적 목적은 미래 우주관광사업의 개발을 의미하며, 교육적 목적은 우주과학연구의 환기를 의미한다. 당시 미 레이건 행정부는 교육정책에 아무런 업적이 없다는 비난에 직면해 있었다. 이러한 곤경에 처한 레이건 대통령은 민간인 교사 맥컬리프를 챌린저호에 탑승시키기로 결정했으며, 이로써 학생들 특히 초등

학생의 우주과학에 대한 관심을 고조시키고자 했다.

③ 발사 전후의 상황

온도가 화씨 20도로 추운 날씨가 예상외로 오래 계속되자 제조진에서는 여러 가지 염려가 가중되었다. 이들은 논의 끝에 안전을 위해 화씨 53도가 될 때까지 발사를 연기하여 줄 것을 제안하였다. 발사 안전온도를 53도로 잡은 데는 주목해야할 문제점이 있었다. 추진 로켓의 원 설계에서는 정상작동이 화씨 31도 이상으로 되어 있기 때문이었다. 하지만 53도는 설계안의 대폭적인 수정을 의미하기 때문에 경영진은 이에 대한 정확한 근거자료(Test Data)의 제출을 요구하였고, 제조진은 현실적으로 이 요구에 응하기 어려웠다. 이로 인해 타이콜(제조진)과 Bob Lund(경영진, NASA 부사장) 사이에 심한 논쟁이 있었다. 발사명령권을 가진 런드는 최종 발사 결정을 내리면서 다음과 같이 말하였다고 한다. "엔지니어로서의 입장에 서지 말고, 경영진의 입장에서 판단하라."

발사 당일 밤에는 예상외로 날씨가 추워져 화씨 8도 정도여서 발사대 주위에는 심한 얼음이 얼었다. 사후 조사에 의하면 출발 당시 오른쪽 추진기의 온도는 28도, 왼쪽 추진기는 50도 정도, 로켓의 내부온도는 70도 정도로 추정되었다. 이 상황에서 밀봉마개와 밀봉고무 링은 정상적으로 작동할 수 없었다.

사건 후 NASA 그리고 정부차원의 조사팀이 구성되었고 리처드 파인먼(Richard Feynman) 등의 유명 과학자들이 조사에 대거 참여하였다. 조사 결과 타이콜 측의 원래의 적정온도는 맞았고 테스트도 충분하다고 판단되었다. 또한 대형 사고였음에도 불구하고 핀토차 사건과는 달리 아무도 사법처리를 받지 않았다. 하지만 그렇다고 해서 경영진과 설계진에 참여했던 사람들이 윤리적 책임과 비난까지 면할 수는 없을 것이다. 과연 이들에게 윤리적으로 더 좋은 해결책은 없었던 것일까? 챌린저호 폭발사고는 공학인의 결정이 얼마나 복잡하고 어려우며 윤리적 문제와 직접적으로 결부되어 있는지를 잘 보여주고 있는 사례이다.

1) 윤리 문제 내의 쟁점들의 분석

윤리 문제를 해결하는 첫 단계는 문제 자체에 대한 정확한 이해이다. 어떠한 행위나 프로젝트를 결정할 때, 그것이 권리 혹은 의무인지가 분명하지 않은 문제 상황을 분명히 이해하는 것이 필요하다. 이를 위해서는 그 문제에 선행되어 있거나 내재되어 있는 문제(쟁점)를 빠짐없이 파악하여야 할 것이다. 만일 하나라도 빠진다면 해결에 막대한 차질이 생긴다. 윤리적 문제에 연관되어 있는 쟁점은 크게 다음과 같은 세 가지 유형으로 나눌 수 있다. 즉 (1) 사실적 쟁점(factual issues), (2) 개념적 쟁점(conceptual issues), (3) 도덕적 쟁점(moral issues)으로 나눌 수 있다. 문제를 해결한답시고 잘못된 해결책을 시행한다면 이것은 문제의 해소가 아니라 오히려 문제를 증폭시키고 악화시키게 된다. 이것은 바로 문제 자체의 미비한 이해에서 비롯되는 경우가 많다. 따라서 윤리 문제를 해결하기 위해서는 위의 쟁점들에 대한 충분한 선행 연구가 필수적이다.

(1) 사실적 쟁점

어떠한 권리 혹은 의무를 결정할 때 관련된 사실들(facts)의 명백성이 요구된다. 예를 들어 낙태권(abortion rights)을 위한 사실적 쟁점들을 고려해보자. 낙태권에 대한 찬·반의 입장을 정하기 위해서는 먼저 이와 연관된 사실들에 대한 검토가 우선적이다. 가령 임산부 체내에서 새 생명의 시작 시점을 언제로 볼 것인가? 태아에 대한 법적 보호 시기는 언제인가? 태아의 산전 진단에서 부정적인 결과가 나왔을 경우에도 낙태권을 인정해서는 안 되는가? 그리고 산모가 원치 않았던 비정상적인 방식에 의한 임신의 경우는 어떻게 할 것인가? 등의 내용들이 낙태권과 연관된 사실적 쟁점들이다. 이러한 것들이 불분명한 채 결정될 경우 낙태권에 관한 문제는 해결되는 것이 아니라 오히려 새로운 문제들을 파생시키게 된다.

(2) 개념적 쟁점

문제 상황들에 관련된 용어들 중 애매하거나 모호한 용어가 들어가 있는 경우 문제의 해결은 이루어지지 않는다. 따라서 이러한 용어들은 분명하게 정의되어야 한다. 예컨대 뇌물수수가 문제되는 상황에서는 뇌물(bribe)과 선물(gift)의 차이는 무엇인지가 개념적으로 명확하게 제시되어야 하며, 정보 독점권과 소유권이 문제되는 상황이라면 어떤 정보가 독점권을 갖는다는 것이 개념적으로 어떻게 정의될 수 있는지 등의 문제가 해결되어야 한다.

(3) 도덕적 쟁점

사실적 쟁점, 개념적 쟁점이 해결되지 않은 상태에서 윤리적 결정은 쉽게 이루어지기 힘들 것이다. 하지만 많은 경우 이들 쟁점들이 완전히 해결되지 않는 경우도 있다. 이때에는 문제 상황의 패러다임(paradigm)이 분명하지 않은 경우이다. 이런 경우 이를 분명히 하지 않으면 문제 자체가 혼란에 빠지게 된다. 그리고 분명하지 않은 상태에서 어떤 결정을 내리는 것은 오히려 더 큰 문제를 야기한다. 여기서 패러다임이란 어떤 행위나 프로젝트가 관여하는 결정자들의 희망사항, 즉 소원이나 목적, 목표, 이상 등을 의미한다. 이러한 사항은 대체로 각 단체의 윤리헌장에 포함되어 있다.

패러다임에는 '—이기를 바라는 사항'과 '—가 아니기를 바라는 사항'이 있다. 전자를 긍정적 패러다임(positive paradigm)이라 하고 후자를 부정적 패러다임(negative paradigm)이라 한다.

2) 뇌물수수의 분석을 통한 문제 해결법의 적용 예

(1) 사실적 쟁점

뇌물수수의 문제를 해결하기 위해서는 먼저 이와 연관되어 있는 사실적 쟁점들에 대한 검토가 있어야 한다. 즉 어느 나라든지 뇌물수수는 법적으로 금지되어 있는가? 협회들의 윤리헌장에도 뇌물수수는 어느 정도 엄격하게 언급되어 있는가? 등이 뇌물수수의 문제와 관련된 사실적 쟁점들일 수 있으며, 이러한 쟁점에 관해 어느 나라든 어느 윤리헌장이든 뇌물수수는 금지되어 있음을 알 수 있다. 그럼에도 불구하고 뇌물수수의 관계는 대단히 광범위하게 일어나며 판매자와 구매자, 입찰자와 입찰결정자, 시민과 공직자 지위의 상하 사이가 그러한 관계의 예가 될 것이다.

(2) 개념적 쟁점

뇌물수수에 연관된 개념적 쟁점은 무엇보다도 선물(gift)과 뇌물(bribe) 그리고 착취(extortion, 금품강요)는 어떻게 구별될 수 있는가의 문제일 것이다. 먼저 제공되는 물품 또는 회합이 선물의 개념에 포섭될 수 있는 경우는 1)명목상의 가치(nominal value)가 있는 경우, 즉 광고 혹은 직업 수행상의 사회적 상호관계의 촉진인 경우, 2)저비용과 가치만이 인정되는 경우, 3)상호간의 동등한 부담이 전제되는 경우이다. 만일 제공되는 물품이나 회합이 명목상의 가치 이상이거나 고비용이며 대등한 부담이 아닌 경우 이것은 뇌물에 해당한다고 보아야 한다.

착취는 뇌물수수와 관련되긴 하지만 약간의 차이점이 있다. 즉 뇌물수수가 자발적으로 비정당한 특혜를 얻거나 주기 위하여 물품, 금품, 혹은 접대를 제공하거나 받는 일이라면, 착취는 이미 법적으로 도덕적으로 인정되는 당연한 대우인데도 불구하고 이를 받거나 주기 위하여 물품, 금품, 혹은 접대를 제공하거나 강요하는 일이다.

(3) 도덕적 쟁점

뇌물수수는 윤리적으로 다음과 같은 문제들을 발생시킬 수 있으므로 금지되어야 한다. 먼저 뇌물수수는 수요자가 최선의 가격으로 최선의 제품을 구입할 수 있는 권리를 침해함으로써 자유시장 경제를 부패시킨다. 둘째 뇌물수수는 부유한 자나 강대한 업체에 대한 특혜를 부여함으로써 소규모 후발업체의 유지를 어렵게 한다. 즉 뇌물수수는 가진 자의 이익만을 중시하기 때문에 사회적 정의를 위협할 수 있다. 셋째 뇌물수수는 관련자 모두의 각자의 의무와 권리의 준수를 위배하게 인도하며, 인간을 상품(commodity)으로 전락시킬 수 있다. 넷째 뇌물수수가 허락되는 집단과 금지되는 집단 사이에는 분명한 차이가 존재한다. 즉 부당하게 손해 보는 사람이 증대함으로써 사회적 공동선의 촉진에 방해가 된다.

(4) 뇌물수수 문제의 방지

뇌물수수의 방지는 방금 살펴보았듯이 경제 윤리상의 절대적 비도덕성 때문에 어느 단체든 이를 예방하는 정책이 수립되어야 한다. 특히 선물과 뇌물 간의 개념적 모호성 때문에 이들의 적용 범위를 분명히 해 주어야 한다. 많은 기업들과 기관들은 무엇을 받아도 좋은 지에 대한 나름대로의 분명한 규칙을 가지고 있고, 대단히 엄격한 정책을 가지고 있는 기업들도 있다. 예컨대 어떤 회사는 종업원이 어떤 판매자로부터 아무 것도 받지 않도록 금지하고, 판매자 혹은 소비자와의 어떠한 사회적 상호행위(social interaction)에 관해서는 전적으로 회사가 그 비용을 부담하도록 하고 있다. 그리고 규칙에 상충될 수 있는 행위에 대해서는 해당 감독관의 허가를 받도록 하고 있다. 이러한 철학은 어떠한 이해의 충돌과 어떠한 부정행위의 출현도 피하려는데 그 의미가 있다.

엄격한 방침이 없는 회사라 하더라도 많은 자유재량권을 부여하는 회사가 있지만 사전의 승인이 최선의 안내자가 될 것이다. 회사의 특정한 방침이 없을 경우 문제의 행위를 결정하는 또 다른 방법은 가끔 '언론에 의한 테스트'를 사용하는 일일 것이다. 즉 이 테스트는 다음과 같은 것이다. "당신의 행동이 한 신문기자나 방송 리포터의 정밀 조사에 견디어 낼 수 있는가? 당신이 받은 선물에 관한 기사가 난 신문이나 방송에 당신의 이름이 난 것을 보고 가만히 서 있을 수 있는가? 만약 당신이 자신이 한 일을 이기적 자기 합리화에 의존하지 않고 쉽사리 방어할 수 없다면 당신은 그것을 마땅히 하지 않아야 할 것이다."

3) 적용 원리들의 충돌 문제

어떤 행위나 프로젝트의 실행 여부를 결정함에 있어서 다음과 같은 상황이 발생할 때 적용 원리들이 서로 충돌한다고 말한다.

(1) 준수해야 할 원리들을 모두 지킬 수 없다.
(2) 어떤 한 원리를 따르면 어쩔 수 없이 다른 원리를 위배하게 된다.

이때 우리가 어떠한 결정을 내려야 할지의 문제가 발생하며 이 문제를 충돌 문제라고 말한다. 윤리적 문제를 해결하기 위해 적용할 원리들이 서로 충돌할 경우 사람들은 일반적으로 다음과 같은 선택을 취한다. 적용 원리들의 중요도(포괄성, 보편성) 혹은 결과의 심각성(공리성)을 비교하여 1)우선 원리를 선택한다. 하지만 이 원리가 야기할 결과의 심각성으로 인해 이 선택이 어려우면, 2)차선의 원리를 선택한다. 이것마저도 역시 어려우면, 3)창의적 중간 원리(creative middle way)를 탐구한다. 이와 관련하여 챌린저호의 폭발 사고 문제와 연관시켜 살펴보자.

먼저 우선원리를 선택할 경우 의무윤리의 적용이 가능하다. 즉 엔지니어가 공공인의 건강과 안전을 보호하는 것은 고용주에 대한 자신의 의무보다도 중요하다. 그러므로 공공인의 건강과 안전을 위한 대책의 결정이 더 우선적이다. 그러므로 의무 윤리상 이것이 최선책이라는 분석결과가 나온다.

그리고 차선의 원리를 선택할 경우 보통 차선책이라고 하지만 이 경우 사실상 최악의 그리고 가장 어려운 선택이 될 것이다. 그리고 대단히 모험적일 수 있다. 왜냐하면 NASA의 경영진인 런드(Bob Lund)가 발사하기로 결정한 근거는 '발사 연기가 적절하다'는 주장을 뒷받침할 수 있는 테스트 데이터의 부재, 우주 왕복선 프로그램의 미래 확보, 경영진과 Thiokol 제조진의 해고 방지 그리고 발사 이후의 대성공의 기대였기 때문에 차선책을 선택했다고 볼 수 있다.

그러므로 만약 이 두 원리를 위배하지 않는 제3의 방안이 있다면 좋을 것이다. 이를 찾아내어야 하므로 '창의적'이라 칭하며 그 순위는 우선 원리와 차선의 원리 중간이다. 이를 위해서 최대한의 창의성이 필요한 이유는 우선 원리를 지지하는 사람들과 차선의 원리를 지지하는 사람들 모두가 수용할 수 있는 근거를 발견해야 하고 그리고 이에 대한 화해와 양보 등이 필요하기 때문에 이러한 중간 입장의 발견이 대단히 어려운 경우가 많다. 이 해결책은 가끔은 최선책으로 오해되기도 하지만 실제로는 양측 어느 누구도 원하는 바를 얻지 못하는 해결책으로서 모두 다 만족할 수 있는 해결책은 아니다. 예컨대 챌린저호의 경우 탑승 우주인들에게도 알 권리와 생존권이 있었으며 프로젝트에서 가장 중요한 참여자이므로 그들의 결정을 따르는 방법이 창의적 중간 원리일 수 있을 것이다.

ENGINEERING ETHICS

제2장 공학인의 책임과 권리

고도로 기술화된 현대사회에서 공학인의 역할은 그가 속한 사회와 국가 더 나아가 세계의 존폐에까지 직접적인 영향을 미치게 되었으며 앞으로 이러한 영향력은 더욱 늘어날 것이다. 공학인은 자신이 개발하고 사용하는 기술공학의 영역에 대해 가장 잘 알고 있으며 그 역기능이나 문제점에 대해서도 그 어느 누구보다도 뛰어난 지식을 가질 수밖에 없다. 인재로 드러난 많은 공학 관련 사고들의 배후에는 공학인의 경고나 지적을 무시한 경우가 많았다. 포드사의 핀토차나 밸류젯 항공기 추락사고 그리고 대구지하철 화재참사가 보여주듯이, 자동차나 열차, 그리고 항공기 부품의 결함 및 잘못된 설계 등으로 인한 사고를 대표적으로 들 수 있다. 이러한 사고가 발생하는 원인에는 먼저 공학인의 안전에 대한 문제제기가 제대로 반영되지 못하였고 동시에 경영자 측의 잘못된 판단도 포함된다. 그런데 이러한 공학적 사고의 경우들은 공학인의 역할과 책임 그리고 권리에 대한 새로운 인식의 계기를 제공하기도 한다.

공학적 기술의 발달로 인한 실생활의 패러다임의 변화 사례와 공학이 실제 생활에 미치는 영향력의 증대, 공학인들의 자기의식의 성장과 전문적 도덕성의 계발 등을 통해 공학윤리는 이미 20세기 초부터 여러 공학인들의 단체에서 나름대로의 공학인의 행위규정을 두고 있다.[1] 특히 미국의 경우 공학인의 교육과정에 의무적으로 공학윤리에 대한 과목을 이수토록 하고 있으며 한국에서도 최근에 이러한 경향이 확산되고 있는 실정이다.

공학인은 일반인으로서 갖게 되는 공동선의 지향에 대한 관심, 공학인으로서 자신의 전문분야에서의 경력에 대한 관심, 자기가 속한 조직체의 영리추구에 대한 관심, 즉 이 세 가지 이해들 간의 갈등을 경험하게 된다. 책임윤리의 측면에서 보면 이 세 가지 이해의 측면이 각각 보편적인 도덕적 책임, 자신의 전문분야에서의 과제 내지 특정 역할책임, 그리고 자신이 속한 조직체에 대한 성실의 책임간의 갈등의 양상을 갖게 된다. 이에 따라 사회나 제도의 관점에서 공학의 문제를 다루는 것도 중요하지만, 개인의 수준에서 구체적인 공학인의 역할과 권한 그리고 그 한계를 명확히 구조화해야 할 필요가 있다. 개인 수준에 맞춰진 대부분의 공학윤리는 책임윤리와 관련될 수밖에 없다. 그러나 현대 책임윤리에서도 과거지향적인 책임개념에서 미래지향적인 책임개념으로 그 중요성이 변화되어가고 있으므로 공학윤리 역시 그러한 책임윤리의 변화추세에 따라 결과론적인 테두리에서 벗어날 필요가 있다.

공학기술자의 책임윤리를 규명하기 위해서는 우선, 공학윤리의 요청을 공학인 개인에 초점을 맞추어 공학인의 사회적 역할과 한계를 책임문제를 통해서 검토해야 한다. 둘째로 공학인이 경험할 수 있는 도덕적 갈등의 사례를 통해 공학인이 부담해야 할 책임의 유형과 구조를 밝혀내야 한다. 셋째로 책임윤리를 공학의 영역에 적용해보아야 한다. 공학인이 직면할 수 있는 여러 사례들을 분석하여 갈등을 일으키는 책임유형을 드러내고, 다른 한편으로는 공학인의 여러 윤리헌장들을 분석하여 공학인의 책임을 정당화할 수 있는 근거가 밝혀져야 한다.

---

1) 미국의 ASCE, NSPE, 독일의 VDI 등을 대표적으로 꼽을 수 있다.

일반적으로 공학인의 행위는 크게 '만드는 행위'와 '이용하는 행위'로 구분해 볼 수 있다. 이 두 유형의 공학적 행위에는 '왜' 그리고 '무엇을' '어떤 목적으로'라는 물음이 관련되어 있음을 알 수 있다. 공학적 행위에 대한 철학적·윤리학적 분석이 필요한 이유도 여기에 있다. 일반적으로 공학적 행위는 개별적 행위인 것처럼 보이지만 대체로 공학기술의 구조적 특징으로 인해 협동 행위이며, 공학인은 자신이 속한 조직체의 구성원이므로 기업행위이면서 동시에 이 조직체는 대체로 이윤추구를 최우선적 목표로 삼고 있기 때문에 경제행위이고 동시에 집단행위의 성격을 갖는다.

공학기술행위가 가지는 다양한 성격으로 인해 다양한 유형의 책임이 제기된다. 일반적인 도덕적 책임, 특정 과제나 역할에 대한 책임, 자기가 속한 집단에 대한 성실의 책임 등이 공학인에게서 복합적으로 나타나게 된다. 가령 맨해튼 프로젝트[2)]에 참여했던 수많은 공학인들에게 원자폭탄으로 빚어진 결과에 대해 직접적 내지 간접적 책임을 물을 수 있겠는가? 전체 프로젝트가 어떠한 것인지에 대한 이해 없이 자기가 맡은 전문분야의 일을 한 경우에 개별적 공학인들에게 어떤 책임을 소급해야 할까? 공학인이 중시하는 보편적 가치(예를 들면 안전)와 공학인이 속한 기업이 중시하는 가치(경제적 이윤)가 상충하는 경우에 공학인은 어떤 가치를 선택해야 하는가의 문제도 일반적으로 제기되는 공학인의 책임문제이다. 이런 경우에 대해 플로어만(S. C. Florman)은 공학인의 위기라고 부르기도 한다. 공학인의 행위역시 책임의 고려에서 제외될 수 없으며, 결국 공학인의 행위능력과 책임능력에 대한 관계가 고려되어야 할 것이다.

2) 맨해튼 프로젝트(Manhattan Project)는 미국의 물리학자 로버트 오펜하이머가 제2차 세계대전 기간 동안 미군의 감독 하에 지휘를 맡아 진행했던 최초의 핵무기 개발 계획의 암호명이다.

1 공학영역에서의 책임문제

사례연구

컬럼비아호 폭발사고

2003년 2월 1일 미국의 우주왕복선 컬럼비아호가 16일간의 우주 탐사활동을 수행한 후 지구 대기권으로 돌입하던 중, 대략 화씨 5,000도를 넘는 과열된 공기로 인해 꿈틀거리며 솟아오르는 연기가 날개의 갈라진 틈새로 들어가 내부로부터 날개를 태우기 시작하였다. 우주선의 파괴는 태평양 상공에서 시작하여 미국 영공에 들어왔을 때 더 악화되었다. 결국 왼쪽 날개의 아래 표면이 날개 안쪽으로 함몰되기 시작하였으며, 마침내 컬럼비아호는 통제할 수 없게 되어 동부 텍사스의 공중에서 폭발했으며, 탑승했던 7명의 승무원들 모두 숨지는 참사가 발생했다.

1) 책임과 배려

사례의 컬럼비아 폭발사건에 앞서 17년 전에 발생했던 챌린저호 참사와 놀라울 정도로 많은 유사점들을 가지고 있는 이 비극적 사건은 공학 전문직에서 책임의 개념을 둘러싸고 있는 많은 쟁점들을 예증한다. 책임의 개념은 다양한 측면이 있지만 여기서는 근본적으로 다른 두 가지 차원들에 초점을 맞추어서 이 두 가지가 결합되어 있는 세 번째 차원을 언급하고자 한다.

첫째, 책임은 고객들과 공공에게 이익이 되고 자신들에 주어진 신뢰를 어기지 않는 방식으로 자신들의 특별한 지식과 기술을 사용해야 하는 전문가들의 의무를 가리킨다. 일반적으로 우리가 전문가들에게 "책임을 져야 한다"와 "책임 있게 행동해야 한다"고 말할 때 이러한 유형의 책임을 가리킨다. 책임에 대한 '적극적'이고 진취적인 개념으로 우리는 이것을 의무–책임(obligation–responsibility)이라 할 수 있다.

둘째, 책임은 범죄에 대해 비난을 돌릴 수 있는 그런 사람들에 대한 확인을 가리킨다. 우리는 어떤 공학인에 대해 어떤 실수에 대한 '책임이 있다'거나 사고에 대해 '책임 있는' 사람들 중의 한 사람이라고 말한다. 이것은 근본적으로 부정적이고 소극적인 책임개념인데, 이것을 비난-책임(blame-responsibility)이라 할 수 있다.

셋째, 책임은 때때로 감독의 역할이나 지위를 차지하고 있는 사람을 가리킨다. 우리는 때때로 한 공학인이 어떤 설계나 다른 어떤 공학 프로젝트에 대해 '책임부담'이 있다고 말한다. 이러한 책임개념은 책임의 적극적인 차원과 소극적인 차원 둘 다를 결합한 것으로 볼 수 있다. 적극적으로는, 책임을 져야 할 부담을 지고 있는 어떤 사람은 공학 프로젝트가 기술적이고 윤리적인 전문직의 기준에 따라 수행되도록 조치해야 할 의무를 지닌다. 소극적으로는, 만약 그 프로젝트가 이러한 기준에 따라 수행되지 않는다면 책임을 져야 할 그 사람은 비난받기 쉬운데 이러한 의미의 책임을 역할-책임(role-responsibility)이라 할 수 있다.

이러한 책임의 유형들을 통해 우리는 공학인들의 의무-책임의 개념을 고찰할 수 있으며, 이러한 개념을 확장시킨 것이 공학인이 자신의 규범적인 전문가적 의무를 훨씬 능가 하는 '선행'이라는 개념이다. 마지막으로 공학인이 의무-책임을 실천할 수 있게 해주는 그런 성격의 속성들로서 '공학인의 권리와 덕'이라는 개념에 접근하는 것도 의미 있는 일이다.

그런 다음 책임의 소극적 개념인 비난-책임으로 돌아가서 피해를 야기하는 것과 피해의 원인이 되는 것의 관계를 고찰할 필요가 있다. 우리는 사고를 일으키는 피해의 물리적인 원인들에 대해 말할 수 있지만 조직체들이 발생한 피해에 대해 책임질 수 있는 도덕적 주체가 될 수 있는지의 여부나 조직체들이 피해의 원인들로 충분하게 생각될 수 있는지의 여부는 논란의 여지가 많다. 어떠한 경우에서도 사고를 이해하는 데 있어 조직체들의 중요성은 결정적이다. 그러나 우리가 인간이 피해에 대한 책임을 져야 한다고 말하는 것은 의심할 여지가 없다.

우리는 책임을 방해하는 것들을 생각하면서 이 장의 결론을 내릴 것이다.

이러한 방해요인들은 책임에 대한 적극적 의미 혹은 의무라는 의미에서 비난을 돌리는 근거가 될 수도 있다. 예컨대 자기기만 혹은 무지에 빠져 있는 공학인은 만일 이러한 요인들이 피해발생을 유도하였다면 도덕적으로 책임이 있는 것으로 간주될 수 있다.

공학인들은 자신들의 직업에 적용되는 표준 운영 절차들과 규칙들을 따라야만 하고 고용조건에 의해 규정되어 있듯이 자신들의 일에 대한 기본적인 책임들을 수행해야 하는 전문직의 의무를 가진다. 이러한 의무들은 때때로 합리적 배려라는 개념으로 표현된다. 그러나 표준적인 운영 절차들과 규정들을 따르는 것만으로는 충분하지 않을 때가 있다. 표준운영 절차들과 현행의 규정들이 미처 다루고 있지 않는 예기치 않은 문제들이 일어날 수 있다. 표준운영 절차들과 규정들에만 초점을 두는 것보다는 공학인들을 위해 더 폭 넓은 배려의 원칙이 제안될 수 있다. 즉 "다른 것들이 동등하다면 다른 사람들에게 중대한 해를 끼치지 않도록 충분한 배려를 발휘해야 한다"는 것이다. 이러한 원칙은 공공도덕과 공학인들이 "자신의 전문직 의무들을 수행하는 데 있어 공공의 안전과 건강, 복지를 최고로 여겨야" 할 것이라고 주장하는 대다수의 공학윤리 헌장들 모두에 의해 지지될 수 있다.

우리는 사고에 대해 누가 비난을 받아야 할지 혹은 누구의 잘못인지(비난-책임)에 대한 질문들을 던질 수 있다. 하지만 그럴 필요까지는 없다. 대신에 우리는 책임(의무-책임)있는 공학인들과 기술자들, 다른 사람들, 특히 사고가 발생할 수 있는 환경에서 일하는 그런 사람들이 가져야만 하는 어떠한 덕목이나 성격적 자질들을 요구할 수도 있을 것이다. 왜 사고가 일어났는가를 반성하는 데 있어 그런 사고가 발생할 가능성을 증가시켰던 다양한 요인들을 함께 고려해서 생각해야만 한다. 따라서 책임을 공유한다는 것이 무슨 의미인지가 고려되어야 할 것이다. 법률상의 상해나 과실에 역점을 두는 불법행위법은 전문직과 보통직업의 책임들에 대한 표준 운영 절차들에 의존하지만 그에 반드시 한정되지 않는 합리적 배려의 기준을 채용한다. 이러한 합리적 배려의 기준은 다음의 사례를 통해 제시된다.

한 건축가에게 맡겨진 책임은 본질적으로 의뢰인에게 변호사가 지는 책임과 같거나 의사가 자신의 환자에게 지는 책임 혹은 어떤 특별한 직업에서 어떤 특별한 기술과 능력을 가지고 있다고 자처하여 자기가 채용될지도 모르는 업계에서 일하기 위해 자신이 적합하다는 이유로 공공에 서비스를 제공하는 누군가가 다른 누군가에게 지는 책임과 똑같다. 건축가가 일을 맡는다는 것은 적어도 통상적·합리적으로 요구된 서비스를 수행하는 데 필요한 자격, 기술, 능력을 충분히 가지고 있다는 것과 자신의 기술과 능력으로 주어진 일을 합리적으로 처리하여 자신의 판단과 취향을 반영함을 의미한다.

이러한 기술이 전문가들만이 자신들의 전공분야에서 확립된 표준들이나 관례들을 따를 필요가 있음을 말하는 것은 아니라는 것에 주목해야 한다. 그런 표준들이나 관례들은 변화하는 과정 중에 있을 수 있고 또 특정분야들에서 위험에 대한 지식을 향상시키는 데 보조를 맞추지 못할 수도 있다. 게다가 많은 책임사례들에서 나타났듯이 합리적인 사람들도 흔히 그러한 표준들이나 관례들을 어떻게 정확히 다루어야 할지에 대한 의견이 일치하지 않는다.

어쨌든 불법행위법에 있어 소송들을 책임져야 할 다른 쪽에 의해 상해를 입었거나 부당한 취급을 받았다고 주장하는 사람의 고소로부터 시작한다. 만일 그 고소가 개별 전문가들에 대한 것이라면 고의적으로, 부주의로 혹은 무모하게 해를 일으킨 경우 주장은 합리적인 배려가 결여되었다는 것이다.

일반적인 불평은 법원의 판결들이 특히 배심원들을 수반하는 법원 판결들이 종종 지나치다는 것이다. 이러한 불평이 아무리 정당하다 할지라도 두 가지 점은 잊지 말아야 한다. 첫째, 아무리 공정하든 불공정하든 간에 판결이 내려진다는 사실은 공학인들에게 중요한 함의를 가진다. 스스로 책임을 맡은 컨설턴트로서 그들이 합리적인 배려기준을 진지하게 다루려고 노력하는 데에는 이기적인 이유가 있다. 회사의 피고용인으로서 공학인들은 자신들의 전문기술을 필요로 하는 기업의 책무의 영역에 관여하는 책임을 가진다.

둘째, 합리적 배려의 이념은 법정에서 어떻게 결말이 나는가와 상관없이 하나의 도덕적 지반을 가지고 있다. 도덕적 관점에서 볼 때 고의적으로, 부주의하게 혹은 무모하게 타인들에게 해를 끼치는 것은 합리적 배려를 발휘하지 못한 것이다. 법적인 보상이 있다고 할지라도 얼마나 적절한가는 또 다른 문제이다.

비록 합리적 배려의 이념이 법에서 두드러진 역할을 한다고 할지라도 그것이 보다 폭넓은 도덕적 책임의 개념을 또한 반영하고 있다는 사실을 깨닫는 것이 중요하다.

2) 선행

종종 우리는 어떤 사람이 "의무의 요구를 넘어섰다"고 말하거나 그가 "자기 몫 이상을 했다"고 말한다. 비록 모범적이라고는 하지 않더라도 우리는 그런 선행을 칭찬할 만한 것으로 간주한다. 만약 의무-책임이 무엇보다 먼저 합리적 배려로 이루어져 있다면 선행은 그것의 확장이라고 간주할 수 있다. 그러한 것들은 엔지니어와 같은 전문직의 생활에서도 일어나는데 좀 더 확장된 토대 위에서 일어난다. 여기에 두 가지 예가 있다.

(1) 지역의 유독폐기물들이 건강에 위험을 불러일으킬 것이라는 우려 때문에 떠나라는 명령이 내려진 후 러브 카날(Love Canal)의 주민들이 자신들의 집으로 돌아가는 것이 안전한지를 결정하기 위해 한 통계학자가 데이터 분석을 돕는 데 동의했다. 자신의 수고에 대해 적당한 보상을 받았다 하더라도 그는 다른 곳에 더 돈벌이가 되는 많은 상담 기회들이 있음을 알고 있다. 그 대신에 왜 그가 그 일을 받아들였는지 물어 본다면 그는 "단지 돈을 위해 데이터를 분석하는 것은 나에게 아무런 의미가 없다. 난 좀 좋은 일을 하고 싶다" 고 말한다.

(2) 한 설계 공학인이 정규근무시간 후 고층 건물의 창문 닦는 사람을 위한 안전 로프의 특성이 개선될 수 있는지를 알아보기 위해— 비록 현재의 설계가 법적 요구치 이상을 만족시키고 회사고객들이 제품에 대해 대단히 만족

해한다고 할지라도— 엄청나게 많은 시간을 바친다. 그에게 왜 현재 설계에 대해 만족하지 못하는지 물어본다면 그는 "할 수 있는 한 최선을 다해야죠. 그래도 대개는 불충분하거든요" 라고 말한다.

이 두 예들은 중요한 방식들에서 차이가 있다. 첫 번째는 자신의 정식 고용주가 아닌 다른 누군가를 위해 임무를 맡는 데 동의한 어떤 사람의 예이다. 비록 그가 이 일을 하도록 도덕적으로 요청받았다고 느꼈을 수도 있지만 그 밖의 다른 누군가가 자신의 수고를 자원하도록 기대할 권리를 가진다는 것은 전혀 분명하지 않다. 그가 단지 돈을 벌기보다는 오히려 '어떤 선한 일을 하기' 위해 자신의 전문직 능력을 사용하고 싶어 하는 것은 훌륭한 일이다. 물론 일단 그가 자기 앞에 놓인 그 임무에 맞는 책임을 받아들인다면 다른 사람들이 그에게 적정 수준의 능력과 헌신을 기대할 권리를 가진다.

두 번째는 자신의 일에 대한 헌신 때문에 통상적인 근무 시간 이상으로 그리고 그의 회사와 동료 직원들의 합리적인 기대 이상으로 일을 하는 어떤 사람의 예이다. 그는 자신이 최선을 다했다고 만족할 때까지 그 일에 몰두하면서 이것을 '단지 내 일을 하는 것'으로 여길지 모른다. 만약 그가 통상적인 근무 시간으로 되돌아가 자신의 임무를 다른 일에다 제한했다면 자기 자신을 비난할 수도 있지만 다른 사람들에게 비난받을 것 같지는 않다.

차이가 있음에도 불구하고 이 두 가지 예들은 다른 사람들이 통상적으로 올바르게 기대하는 것을 충분히 넘어서는 헌신을 보여주고 있다. 비록 우리는 그들이 추가적인 책임을 지게 되었다는 사실에 감사하지만 그들이 책임을 우선적으로 지는 것에 의무가 있다고는 생각하지 않는다. 우리들 대부분은 그들이 이러한 책임을 지지 않는 것은 도덕적인 결점을 나타낸다고 생각하지 않을 것이다. 요컨대 그들이 스스로에게 "이것은 내가 해야만 하는 것이다"라고 말할지는 몰라도 우리가 그들이 하고 있는 것을 해야 한다고 그들에게 말하는 것이 적절하다고 느낄 것 같지는 않다. 대신 우리는 그들의 선행을 칭찬한다.

전문직 윤리 헌장들은 너무나도 근본적이어서 그것들을 수행하지 못하는 것은 비난이나 제재를 받게 되리라 판단되는 의무와 책무에 우선적으로 초점을 맞춘다. 우리는 이것을 기본적 의무라고 부를 것이다. 비록 헌장들이 기본적 의무들을 넘어서는 생각을 권한다 하더라도 이러한 권고들은 너무 추상적으로 진술되어 있으며 이것이 전문직의 개별 구성원들에게 어떻게 적용되어야 하는지를 명확하게 하지 않은 채 그것들은 종종 전문직 전체에 역점을 둔다. 선행은 이러한 더욱 이상적인 추천의 영역에 속한다.

공학적 책임이라는 맥락에서 우리는 선행을 어떻게 이해해야 할까? 우리가 서로에게 어떤 일에 대한 책임을 지우기도 하지만 우리가 어떤 책임을 질 가능성도 있다. 안전로프의 질을 개선하는 일을 맡은 설계 공학인은 부가적인 책임도 지고 있다. 이런 것은 자발적인 것이다. 아무리 전임으로 고용되었다 하더라도 그 통계학자는 '어떤 좋은 일'—칭찬할 만하지만 스스로 부과한 요구—을 할 것이라고 확신했을 때만 부가적인 상담에 대한 책임에 동의한다.

우리가 보통 '선행'이라고 부르고 있는 것이 전문직의 생활 속에서 일반적으로 일어난다는 것을 알아차리기란 쉽지 않다. 선행을 하는 사람들은 자신들이 단순히 할 필요가 있는 것을 하는 것으로 간주할 수도 있다. 그들은 우리가 알아차리지 못한 일들을 중요한 일들로 인식하여 그래서 조용히 그것들을 수행할 수도 있다. 그렇지 않으면 우리는 그들이 하는 것에 익숙해져 그들의 선행을 그저 당연시할 수도 있다. 게다가 일단 그들이 어떤 책임을 맡아 그 일을 진행 중이면 종종 그들에게 일을 끝마치도록 책임을 지우는 것은 타당하다.

3) 공학인과 덕(德)의 소유

우리는 전문직의 책임(의무-책임)은 합리적인 배려뿐만 아니라 선행도 포함할 수 있다고 제한하였다. 어떤 개인적인 덕들을 발전시키는 것은 의무-

책임을 배양하는 데 결정적일 수 있다. 덕들은 통상적으로 올바른 품행이 아니라 태도들과 성향들을 포함하는 것으로 이해된다. 그것들은 우리의 성품을 반영한다. 따라서 전문가가 자신이 영향을 미치는 구조에 초래되는, 그리고 문제에 접근하는 자신의 방식을 구체화하는 도덕적 성향은 전문직 윤리에 있어서 중요하다. 성품과 덕에 대한 한 가지 기준점은 아무도 보고 있지 않을 때 그 사람이 무엇을 하는가이다. 전문적 지식에 의존하는 사회는 이러한 검증을 통과할 수 있는 사람들을 더 많이 필요로 한다. 그렇다면 이 검증을 통과한 것으로 간주될 수 있는 것은 무엇인가? 거기에는 기본적 의무들과 관련되는 덕들이 있다. 즉 정직, 공정성, 신뢰성, 그리고 이런 것들과 조화되는 성실이다. 하지만 만약 기본적인 의무를 넘어서려 한다면, 우리는 다른 요소들, 즉 자비심, 인내, 투철한 공공심 등을 포함할 수 있다. 이와 유사하게 동정심, 친절, 관대함, 그리고 많은 다른 성격적 특성들과 덕들이 우리로 하여금 기본적인 의무들 이상을 생각하도록 이끈다.

그렇지만 모든 이러한 덕들이 중요하기는 하지만 그것들은 공학적 실천의 맥락에서 이해될 필요가 있다. 공공의 안전과 건강 그리고 복지를 지키기 위한 공학인의 가장 중요한 의무를 고찰해보도록 하자. 이 의무를 이행하는 것은 발생할 수 있는 피해를 예방하는 것만큼이나 안전과 건강 그리고 복지를 증진시키기를 요구한다. 일반적으로 우리는 공학인들의 일에 대한 신뢰를 당연시한다. 예를 들면 우리는 엘리베이터가 안전할 뿐만 아니라 효율적으로 작동하리라는 것을 가정한다. 다리가 안전하게 교통 무게를 감당할 뿐만 아니라 교통의 원활한 흐름을 지탱하리라는 것을 가정한다. 그리고 건물이 무너지지 않을 뿐 아니라 편리하리라는 것 등등을 가정한다. 우리는 실패를 예방하고 신뢰를 개선하였을지도 모르는 특별한 공학적 노력들은 차치하더라도 비록 이것을 그렇게 만드는 데 필요한 작업에 대해 거의 이해하지 못한다 하더라도 이러한 가정을 당연시한다.

컬럼비아호 사고는 의무-책임에서 중요한 전문직의 덕을 보여주는 공학인에 대한 흥미 있는 예를 제공한다. 이후에 우주왕복선 컬럼비아호의 폭발로 끝나게 하였던 발포체의 타격에 관한 사진설명이 불분명했다. 그리고 로드니 로차는 동료 공학인들에 의해 나사 관리자들에게 미국 위성들이나 강력한 지상의 전파망원경으로부터 어떻게든 발포체가 타격한 부분에 관한 보다 뚜렷한 영상들을 확보할 것을 요청하도록 임명되었다. 비록 로차가 6번이나 요청했음에도 불구하고 나사 관리자들은 그 요청을 거절했다. 로차는 계속해서 공식통로를 통해 자신의 관심을 강력히 주장하였다. 그는 발포체 타격이 너무 강해 뜨거운 가스가 우주왕복선에 유입되어 우주왕복선을 폭발하게 할 수 있었다고 주장했지만 관리자들은 완고한 입장을 고수하고 있었다.

비록 관리자들에게 문제를 경고하려는 로드니 로차의 노력이 성공하지는 못했지만 그는 그렇게 하는 것이 자신의 경력에 불이익이 될 수도 있을 때조차도 세세한 것에 대한 주의와 우주비행사를 포함한 공공의 건강, 안전, 복지를 위한 관심, 반대하는 의견을 끝까지 자신해서 주장하는 것 등과 같은 전문직의 덕을 보여주었다. 그러한 덕은 의무-책임에 중심적인 것이다.

4) 비난책임과 인과관계

컬럼비아호 사고 조사위원회가 컬럼비아호의 비극적 참사를 조사했을 때 그 위원회는 소위 사고의 원인이라고 부르는 것에 초점을 맞추었다. 위원회는 두 개의 주요 원인들 즉 물리적 원인과 조직상 원인을 확인했다. 물리적 원인은 외부탱크에서 깨어져 떨어져나간 발포체가 왼쪽 날개의 앞쪽 가장자리에 손상을 입힌 것이었다. 조직상 원인은 안전에 대해 충분한 관심을 끌지 못하게 한 미항공우주국 나사(NASA)의 문화와 조직에서의 결함들이었다. 그것은 또한 사고에 대해 책임을 지고 해명해야 할 개인들에 대해서도 언급한다. 그렇지만 위원회는 책임을 져야만 하고 어쩌면 처벌까지 받아야 하는 개인들에 대한 확인을 주된 임무로 간주하지 않았다. 따라서 위원회는 사고에 대한 세 가지 유형의 설명을 식별해냈다. 즉 물리적 원인과 조직상의 원인들 그리고 사고를 책임지거나 해명해야 할 개인들이다.

(1) 조직의 책임

원인과 책임이라는 개념과 조직들과의 관계는 논쟁의 여지가 있다. 컬럼비아호 사고 조사위원회는 나사의 문화와 조직을 사고의 원인이라고 말하고 싶어 했다. 물리적 원인에 관하여 위원회는 이렇게 말했다.

> 컬럼비아호와 그 승무원들을 잃은 것에 대한 물리적 원인은 이륙직후 81.7초 만에 외부 연료탱크의 왼쪽 다리 받침대 경사로 부위에서 분리된 단열 발포체 조각이 강화 탄소-탄소패널 No.8의 하반부 부근의 날개를 때려 일어난 왼쪽 날개 앞쪽 가장자리 위 방열 시스템의 균열이었다.

사고에 대한 조직의 원인들에 관해서는 위원회는 이렇게 말했다.

> 이 사고에 대한 조직의 원인들은 우주 왕복선 프로그램의 역사와 문화에 뿌리를 두고 있다. 거기에는 왕복선에 대한 승인을 얻기 위해 요구되었던 원래의 협상안들, 그 후 수년간의 재원 압박, 불안정한 우위, 스케줄 압박, 우주선을 발전적 특성화보다는 오히려 조작적 특성화로 본 잘못, 그리고 인간의 우주여행에 대해 합의된 국가적 비전의 결여 등이 포함되어 있다. 건전한 공학적 관행(시스템들이 왜 요구에 따라 실행하지 않는가를 이해하기 위한 실험과 같은)에 대한 대체물로 과거의 성공에 대한 의존, 안전에 결정적인 정보의 효과적인 의사소통을 막고 전문가들의 견해차를 억누르는 조직의 장벽들, 프로그램 요소들을 넘어서는 통합된 관리의 부족, 그리고 조직의 규율을 벗어나 작용하는 의사 결정 과정들과 비공식적인 명령 계통의 발전 등을 포함하여, 안전에 유해한 문화적 속성들과 조직의 관행이 드러나도록 내버려두었다.

이 두 원인들의 상대적인 중요성에 관해서 위원회는 다음과 같이 결론지었다.

위원회의 견해에 의해면 나사(NASA)의 조직 문화와 구조는 외부탱크의 형태만큼이나 사고와 관계가 깊었다. 조직문화는 그 단체가 기능하는 방식을 좌우하는 가치, 규범, 믿음, 관행과 관련이 있다. 가장 기본적인 수준에서 조직문화는 피고용인들이 자신들의 일을 수행할 때 품는 전제들을 정의한다. 강력한 힘은 핵심 직원의 재편성과 재배치를 통하여 지속될 수 있다는 것이다.

만약 조직이 원인일 수 있다면 그 조직들도 인간들이 그럴 수 있는 것만큼이나 도덕적으로 책임 있는 행위체가 될 수 있는가? 몇몇 이론가들은 조직이 도덕적으로 책임 있는 행위체일 수 있다고 말하는 것은 터무니없다고 믿는다. 즉 조직은 보통의 의미에서 인간 개인이 아니다. 사람들과는 달리 기업들은 신체를 가지고 있지 않으며 감옥에 보낼 수도 없으며 무한한 생명을 가진다. 한편으로 기업들은 법에서 법인[3]으로 묘사된다.

물론 조직이 도덕적으로 책임 있는 행위체가 될 수 있는지의 여부는 여전히 논쟁거리이다. 조직이 도덕적 행위체로 혹은 단순히 재해의 원인으로 생각 될 수 있는지와 무관하게 조직은 적어도 세 가지 의미에서 책임을 질 수 있다. 첫째, 컬럼비아호 사고 조사위원회가 나사를 비난했던 것처럼 조직은 재해에 대해 비난받을 수 있다. 둘째, 다른 사람들에 해를 입힌 조직은 잘못한 것에 대해 보상해달라는 요구를 받을 수 있다. 셋째, 조사위원회가 나사의 개혁이 필요하다고 믿었던 것처럼 다른 사람들에 해를 입힌 조직은 개혁이 필요하다.

(2) 개인의 책임

이제 피해를 설명하는 데 있어서 개인들에게 맡겨진 부분으로 돌아가 보자. 우리는 컬럼비아호 사고 조사위원회가 개인들이 '책임을 져야하고 해명할 의무'가 있을 수 있다고 주장했음을 살펴보았다. 도덕적으로 책임 있는

3) 블랙(Black)의 법률 사전에 따르면 "법인은 소송을 제기 할 수도 있고 제기당할 수도 있는 사람처럼 기업을 취급한다. 기업은 그것을 구성하는 개인들(주주들)과는 구별된다."

행위체로서 나사와 같은 조직들에 관하여 우리가 말하고 싶은 것이 무엇이든 우리들 대부분은 개인이 도덕적으로 책임 있는 행위체일 수 있다는 것에는 동의할 것이다. 비록 중요한 차이들이 있다 하더라도 법적인 책임은 여러 가지 점에서 도덕적 책임과 유사하기 때문에 도덕적 책임을 바라보는 실제적인 방법은 관련된 법적인 책임의 개념을 생각해보는 것이다. 법적으로 책임을 진다는 것은 재해에 대해 벌을 받을 만하다거나 배상을 해야 할 의무를 진다는 것이다.

이와 관련하여 몇 가지 관점에서 고려해 보자. 첫째, 사람은 의도적으로 또는 알면서도 그리고 일부러 해를 일으킬 수 있다. 만약 내가 돈을 강탈하기 위하여 당신의 등을 칼로 찌르면 나는 도덕적으로 책임이 있을 뿐만 아니라 당신의 죽음에 법적으로도 책임이 있다. 이 경우에서 원인이 되는 요소는 당신을 죽이는 것이고 정신적 요소는 당신을 해치려고 악의적으로 의도하는 것이다. 직업과 전문직에서 이러한 강력한 의미의 법적 책임 혹은 도덕적 책임은 드물다.

둘째, 사람은 피해를 일으킬 목적은 없지만 피해를 초래할 것 같다는 것을 알면서도 무모하게 피해를 야기할 수 있다. 만일 내가 무모하게 당신에게 해를 끼친다면 인과적 요소는 존재하고 그래서 당신에게 끼친 피해에 책임을 져야 한다. 그러나 대부분의 경우에서 법적인 책임과 도덕적 책임은 보다 작아야 한다. 왜냐하면 해를 끼칠 악의적인 의도가 없기 때문이다. 만약 그의 무모한 행동이 피해를 야기한다면 그는 그 피해에 대해 도덕적 책임이 있고 그것에 대해 법적으로 책임을 져야 할 것이다.

셋째, 한층 저 경미한 형태의 법적인 책임과 도덕적 책임은 대개 부주의하게 피해를 일으키는 것과 관련이 있다. 부주의한 행동의 정신적 요소는 부주의한 태도이다. 고의성과 의도가 수반되어 있는 무모함과는 달리 부주의한 행동에서는 사람은 어떤 것을 단순히 간과하거나 심지어 해를 일으킬 수 있는 요소들을 깨닫지도 못할 수 있다. 더구나 어떤 직접적인 인과적 요소들이 없을 수도 있다. 그 상황에서 합리적인 사람에게 기대될 수 있는 적당한 배려를 하지 못했기 때문에 그 사람은 책임이 있다. 법에서 부주의에 대한 성공적인 고발은 반드시 다음 네 가지 조건을 충족해야 한다.

> 첫째, 행위의 어떤 기준에 대한 법적인 의무가 존재한다.
> 둘째, 부주의함 때문에 고발당한 사람은 그 기준에 따르지 못한다.
> 셋째, 그 행위와 결과하는 피해 사이에는 상당히 밀접한 인과 관계가 있다.
> 넷째, 또 다른 결과의 이해관계에 대한 실제적인 손실과 손해가 따른다.

첫 번째 조건에서 법적인 의무 대신에 도덕적 의무로 대체해야 한다는 것 말고는 이 네 가지 요소들 역시 도덕적 책임 속에 있다. 공학과 같은 전문직은 기술적인 그리고 윤리적인 실천 모두에 관해서 전문적 실천 기준들을 인정해왔다. 따라서 전문직의 부주의는 기준을 이행하는 데 실패한 것이다. 만약 어떤 공학인이 자신의 전문직에서 인정된 기준에 따라 적절한 배려를 하지 않고 소홀히 한다면 그는 발생한 피해에 대해 책임이 있다고 할 수 있다.

(3) 여러 손들의 문제

개인들은 종종 불법 행위에 대한 개인적 책임을 회피하려고 시도한다. 조직들 속에 있는 개인들에 의해 행해지는 가장 일반적인 책임 회피의 방식은 자신뿐만 아니라 많은 사람들이 피해를 일으키는 데 관여했다고 회피하는 방식이다. 이것은 집단적 나태에 대한 책임의 원리라고 부를 수 있다. 즉 집단의 나태에 의해 피해가 야기되었던 상황에서 집단구성원 각자의 책임 정도는 구성원이 합리적으로 그 행동을 예방하려고 노력하였으리라고 합리적으로 기대될 수 있었던 정도에 달려있다. 여기서 그 행동을 예방하려고 노력하였을 것으로 합리적으로 기대될 수 있었던 정도라는 조건은 필요하다. 왜냐하면 여기서 합리적인 기대에는 한계가 있기 때문이다. 만약 어떤 사람이 자신의 생명을 저버리거나 자신의 다리를 희생하거나 혹은 다른 사람을 해침으로써만이 바람직하지 못한 행동을 예방할 수 있었더라면 우리는 그것을 하도록 합리적으로 기대할 수 없기 때문이다.

비록 컬럼비아호 사고 조사위원회가 개인의 책임을 강조하지 않는다하더라도 조사위원회는 여러 손들의 문제와 같은 어떤 것이 컬럼비아호 사고에 있었던 것 같았다는 것을 깨닫는다. 즉 모든 책임 있는 당사자들의 서명에 의해 증명되고 합의 위에 세워진 비행 준비과정은 사실상 책임 질 수 있는 어떤 누구도 드러내 주지 않는다.

5) 책임 있는 행동에 대한 장애물

(1) 이기심

다른 전문직 헌장들처럼 공학 윤리헌장도 전문 공학인으로서 공학인의 행동기준을 명확히 하고 있다. 하지만 공학인들은 있는 그대로의 공학인들이 아니다. 그들은 다른 모든 사람들과 같이 직업적 이상에 국한되지 않는 개인적인 희망과 포부를 가지고 있는 사람들이다. 때로는 우리 자신을 위한 이익을 생각하여 다른 사람들의 이익에 반대되는 행동을 하고 싶을 때가 있다. 심지어는 다른 사람들이 우리에게 전문가로서 바라는 것과 반대되는 행동조차 하고 싶을 때가 있다. 때로는 이기심에 대한 관심이 전문가로서의 자신의 책임을 충분히 이해하거나 보지 못하도록 방해한다.

극단적으로 생각해보면 이기심에 대한 관심은 가능하다면 다른 사람들을 희생시켜서라도 자신의 이익만을 충족시키려는 배타적인 관심인 에고이즘의 한 형태이다. 이것은 '자기 자신만을 생각하는 것'으로 쉽게 특징화 될 수 있다. 철저한 이기주의자가 남을 희생시키면서 행동할 것인지 아닌지는 상황에 따라 많이 달라진다. 우리 모두는 우리가 원하는 것을 얻기 위해 어느 정도 다른 사람에게 의존한다.

이기심은 컬럼비아호 사고와 관련된 많은 나사의 관리자들의 사례에서 책임 있는 행동에 대한 부분적인 방해물이었을지도 모른다. 관리자들은 예정된 성공적인 비행에 참가함으로써 자신의 경력을 향상시킨다. 그들은 때때로 승무원의 안전을 희생하면서 이러한 목적을 추구했는지도 모른다. 많은 나사의 관리자들은 자신의 태도를 전문가적 무결점을 손상시킬지도 모르는 이해 갈등에 자신들을 관련시키는 태도를 취했다. 나사의 하청업자들 역시 예정대로 비행을 계속하려는 나사의 바람에 대해 어떠한 방해도 하지 않으려는 이기심이라는 이유를 가지고 있었다. 이것은 챌린저호 사례에서 발사 연기를 권고하는 모턴 타이콜사의 엔지니어들의 견해를 뒤집는 데 있어 강력한 고려사항이었다. 그리고 또한 그것이 하청업자들에게 컬럼비아호의 비행에서 안전에 대한 쟁점들을 끝까지 주장하지 못하도록 영향을 끼쳤는지도 모른다.

(2) 두려움

개인적 이득을 위해 타인을 이용하고 싶지 않을 때조차도 우리는 여러 가지 두려움들—실수를 인정하는 데에 대한 두려움, 직장을 잃는 것에 대한 두려움, 나쁜 결과나 어떤 종류의 처벌에 대한 두려움—로 마음이 동요될 수가 있다. 이런 종류의 두려움은 우리가 책임감 있게 행동하는 것을 어렵게 할 수 있다.

잘 알려진 대부분의 내부 고발 사례들은 다른 사람들이 심각한 실수를 저질렀거나 잘못된 일에 관련되었다고 주장하는 것들이다. 내부 고발자들은 일반적으로 공개적인 반대의 결과로 대개 상당한 어려움과 고통을 겪고 있다는 것 또한 잘 알려져 있다. 이것은 동료들과 다른 사람들로부터 따돌림을 당하거나 직장을 잃거나 직위가 강등되거나 아니면 새로운 직장을 찾는 데 극심한 어려움을 겪는다든지 하는 일들을 수반 할 수 있다. 비록 내부고발을 요청하는 상황들이 극단적이라고 할지라도 그러한 상황들이 때로는 실제로 발생한다. 내부고발자의 전형적인 운명을 가정하면 이것이 도덕적으로 책임져야 할 일이라는 것이 명백할 때조차도 증인으로 나서는 것은 상당한 용기가 필요하다.

여기에는 수적인 힘을 이용하는 방법도 있다. 조직체 내에서의 집단적 저항은 외부로 나갈 필요 없이 변화를 일으킬 가능성이 높다. 그리고 실패할 경우 내부 고발자 집단은 한 개인일 때보다 불성실하다거나 불만 때문에 회사에 보복하려 한다고 인지되는 일은 덜 할 것이다. 하지만 목표를 함께 할 사람들을 찾기가 어려운 것 자체가 두려움을 가중시킨다. 그래서 그러한 상황에서는 용기와 결단보다 나은 것이 없는 것 같다.

(3) 자기기만

이기심의 유혹에 저항하는 한 가지 방법은 우리 자신과 정직하게 대면하여 우리가 다른 사람들을 대할 때 의도하고 있는 것과 똑같은 방식으로 다른 사람이 우리를 대하는 것을 용인할 수 있을지 스스로에게 물어보는 것이다. 지금껏 우리가 보았던 것처럼 이것이 황금률(Golden Rule)추론이다. 그리고 이것은 우리에게 강력한 심리적 영향을 미칠 수 있다. 하지만 그런 방식을 일에 적용하기 위해서 우리는 우리가 하려고 계획하고 있는 것이 무엇인지 진정으로 인식해야 한다. 하지만 합리화는 흔히 이러한 인식에 방해가 된다. 어떤 합리화는 다른 것들 특히 자기 방어나 변명을 하는 그런 것들보다 더 큰 자의식을 나타낸다. 다른 합리화는 자기 이해의 의도적인 결여를 무심코 드러내는 것이다. 이것이 소위 자기기만인데 우리가 진실을 마주하기가 부끄러워 고통스러운 것임을 알고 진실을 고의적으로 회피하는 것이다. 자기기만의 본질 때문에 이것을 자신 속에서 발견하기는 특히 어렵다. 하지만 동료들과의 개방된 의사소통은 우리가 치우치기 쉬운 편견을 바로 잡는 데 도움이 될 수 있다.

(4) 무지

책임 있는 행동에 대한 명백한 장애물은 중요한 정보에 대한 무지이다.

만일 한 공학인이 설계에 안전의 문제가 있다는 것을 깨닫지 못한다면 그 사람은 그것에 대해 어떤 것도 할 수 없는 입장이 될 것이다. 가끔 그러한 인식의 결여가 의도적인 회피일 수도 있다. 하지만 흔히 이런 것은 상상력의 부족으로 그리고 알맞은 장소에서 필요한 정보를 찾지 않거나 끝까지 해내지 못하거나 아니면 마감 시간에 대한 압박감으로 생겨난다. 공학인이 알거라 기대할 수 있는 것에 한계가 있다 하더라도 이러한 예들은 무지가 항상 적절한 면죄부는 아니라는 것을 나타낸다.

나사 관리자들은 종종 우주왕복선과 관련된 심각한 문제들을 모르고 있었다. 이것에 대한 이유들 가운데 하나는 정보가 조직의 위계서열 위로 올라가는 과정에서 못마땅한 부분들이 지나치게 삭제되어 사실에 대한 훨씬 더 많은 이견들이 걸러졌다는 것이다. 컬럼비아호 사고 조사위원회에 따르면 공학인들과 관리자들 사이에는 일종의 문화적 장벽이 있었는데 이것은 사실에 대한 불충분한 지식에 근거한 상급 관리자의 결정들로 귀착되었다.

(5) 자기중심적 성향

인간 경험의 일반적 특징은 매우 한정적인 견해들로 상황을 해석하는 경향이 있다는 것과 더 객관적인 관점을 얻기 위해서는 특별한 노력을 필요로 한다는 것이다. 이것이 소위 심리학자들이 말하는 자기본위이다. 이것은 특히 우리가 어릴 때 일반적으로 나타나며 우리에게서 결코 완전히 없어지지 않는다. 비록 자기중심적인 사고가 때때로 이기적이지만 그것이 이기적일 필요는 없다. 그것은 실제로 어떤 특수한 형태의 무지이다.

다른 관점들로 사물을 이해하는 우리의 능력을 방해하는 것은 단지 이기심만이 아니다. 우리가 다른 사람에 대해 좋은 의도를 가지고 있을지라도 그들의 관점이 중요한 점에서 우리와 다르다는 것을 깨닫지 못할 수도 있다. 예컨대 어떤 사람들은 자신들의 건강에 대한 나쁜 소식을 듣고 싶어 하지 않을 수도 있다. 그래서 만일 그들이 다른 사람들에게 나쁜 소식을 전하지 않는다면 이것은 그들이 가장 좋은 의도로서 한 것이다. 이와 유사하게 한 공학인이 유용한 제품을 설계하고 싶어 하지만 그것을 사용하는 방식에 대한 일반 소비자의 이해가 그것을 설계한 사람과 얼마나 다른지를 깨닫지 못할 수도 있다.

(6) 미시적 시각

자기중심적 사고처럼 미시적인 시각은 제한된 관점만을 바라본다. 하지만 자기중심적 사고가 다른 사람의 관점들을 이해하지 못하는 부정확한 경향이 있는 반면에 미시적 시각은 매우 정확하고 정밀할 수는 있지만 우리가 볼 수 있는 범위를 매우 한정시킨다. 예컨대 현미경을 들여다보았을 때 우리는 전에 볼 수 없었던 것들을 볼 수 있지만 단지 그것은 현미경에 맞춰진 좁은 범위의 분석에서이다. 현미경의 수준에서 우리는 정확하고 더 구체적인 지식을 얻는다. 동시에 우리는 보다 통상적인 수준에서의 사물을 보지 못하게 된다. 이것이 미시적으로 사물을 보는 대가이다. 우리가 현미경으로부터 눈을 떼었을 때만이 일상적인 수준에서의 분명한 것을 보게 될 것이다. 공학인들도 때때로 과학적이고 기술적인 지식의 세계로부터 눈을 들어 자신들이 하고 있는 것에 대한 보다 더 큰 함의를 이해하기 위해 주위를 둘러 볼 필요가 있는 것이다.

큰 조직들은 미시적 범위의 사고를 조장하는 경향이 있다. 각 사람은 해야 할 자신만의 고유한 일을 해야 하고 조직의 관점에서 다른 사람들의 일에 대해서는 책임이 없다. 이것은 나사의 조직 구조에도 전반적으로 분명히 해당된다. 그것이 또한 컬럼비아호 사고에 기여한 요인이었을지도 모른다.

(7) 권위의 무비판적 수용

공학 윤리헌장들은 직무를 수행함에 있어 공학인들이 독자적이고 객관적인 판단을 행사하는 것의 중요성을 강조한다. 이것은 때때로 전문직의 자율성이라 부른다. 그와 동시에 윤리헌장들은 공학인들이 자신들의 고용주나 고객들에게 충실할 의무를 지닌다고 주장한다. 독자적인 자문역의 공학인들은 더 크고 위계적인 조직에서 일하는 다른 대부분의 공학인들보다 직업적 자율성을 유지하면서 더 편안한 근무시간을 보낸다. 대부분의 공학인들은 고용주가 있고 그들이 속한 조직들의 권위에 따르도록 되어 있다.

권위에 복종한다는 점에서 공학인들이 다른 사람들과 다르다고 생각할 이유는 거의 없다. 권위의 무비판적인 수용과 관련된 문제들을 극복하기 위하여 조직체들은 반드시 이의가 받아들여지고 심지어 장려되기까지 하는 문화를 확립해야 한다. 컬럼비아호 사고 조사위원회는 미 해군 해저 홍수 예방과 복구 프로그램 그리고 해군 핵추진 프로그램을 포함하는, 이의가 장려되는 조직들을 예로 든다. 이들 프로그램에서는 관리자들이 이의를 격려하는 책임뿐만 아니라 부하들이 이의를 제기하지 않으면 그들 스스로 반대의견을 제한해야 하는 책임도 지닌다. 조사위원회에 따르면 나사의 프로그램 관리자들은 확실한 데이터보다는 주관적인 지식과 경험을 근거로 예상된 결론들을 명확히 제시함으로써 반대의견들에 대해 거대한 장벽을 세웠다. 이의에 대한 관용과 격려가 나사 조직에는 현저히 결여되어 있었다. 만약 이의가 없다면 비판적 사고도 없다.

(8) 집단적 사고

공학인들이 일하는 조직 환경의 주목할 만한 특징은 개개인들이 집단 속에서 일을 하고 검토하는 경향이 있다는 것이다. 이것은 공학인이 흔히 개인적인 의사결정자로서보다는 오히려 집단적인 의사결정에 자주 참여할 것이라는 것을 의미한다. 비록 이것이 더 나은 결정에 기여할 수도 있겠지만 이것은 또한 잘 알려져 있지만 일반적으로 간과된 집단사고 즉 집단이 비판적 사고를 희생하여 합의에 이르게 되는 상황에 빠져드는 경향을 만들어낸다.

전통적으로 공학인들은 자신들이 좋은 팀 플레이어인 것을 자랑스럽게 여겨왔다. 그러나 이러한 생각이 집단사고와 더불어 잠재적인 어려움들을 조성한다. 어떻게 집단사고의 문제점이 공학인들에게 최소화되어질 수 있을까? 이것은 집단의 지도자가 감독관이든지 공학인이든지 혹은 둘 다이든지 간에 집단 지도자의 자세에 크게 의존한다. 따라서 집단의 지도자는 집단사고로 향하는 집단의 성향을 알아차려서 이를 극복하기 위한 건설적인 조처를 취해야 한다.

2 | 위험에 대한 공학인의 책임

우리는 공학인들은 종종 위험 요소들을 고치려는 행동을 취하지 않고 위험에 대해 변칙적인 것들이 쌓이도록 내버려두고 심지어는 허용할 만한 위험의 범위를 확장시켜 그 변칙들을 그 범위에 수용하고 싶은 유혹을 받는다는 것을 보아왔다. 우리는 또한 위험 전문가들, 일반인들 그리고 정부 단속자들이 제시하는 허용할 만한 위험의 정의에 대한 서로 다른 그리고 때로는 양립할 수 없는 접근법들이 있다는 사실도 알고 있다.

공학인들에 대한 윤리적이고 전문적인 관심들을 불러일으키는 또 다른 쟁점은 위험에 대한 법적 책임과 관련이 있다. 예컨대 법적 책임이라는 위협이 공학인들로 하여금 공공을 위험으로부터 적절하게 보호하지 못하게 방해할 수 있다. 개인 사업을 하는 공학인들은 책임과 위험에 관한 특히 어려운 고려사항들에 직면할 수도 있으며 몇몇 경우에서는 책임으로부터 더 많은 보호가 필요할지도 모른다.

예컨대 기초공사나 파이프라인 또는 하수관을 위해 땅을 굴착하는 데 있어서의 안전 쟁점들을 고찰해보자. 깊고 경사면이 있는 도랑은 원래 불안정하다. 조만간 벽면이 무너질 수도 있을 것이다. 도랑의 벽들이 붕괴되기 전까지 버티는 시간의 길이는 수많은 요인들 이를테면 절단면의 길이와 너비, 기후조건, 토양의 습도, 토양의 성분, 그리고 굴착 방법들에 의존한다. 깊은 도랑 안에서 일하는 사람들은 상당한 위험 하에 놓여 있으며 매년 그 벽들이 붕괴될 때 수백 명의 노동자들은 다치거나 목숨을 잃을 수도 있다.

그 위험을 줄이기 위해 건설 공학인들은 그들의 설계 속에 트랜치박스의 사용을 명기할 수 있다. 트랜치박스는 노동자들을 보호하기 위해 도랑 안에 삽입되는 거꾸로 된 U자 모양의 횡단면을 지닌 긴 박스이다. 노동자들이 트랜치박스 안에서 일을 하는 동안은 사망이나 부상의 위험이 크게 감소한다. 불행하게도 트랜치박스의 사용은 건설프로젝트에 포함되는 비용과 시간을 상당히 증가시킨다. 그 박스들은 구매하거나 빌려야만 하고 그런 다음에 굴착이 진행될 때 이동되어야만 하므로 건설 작업은 늦어지고 경비는 더 많이 추가된다.

공학인들은 트랜치박스의 사용에 관하여 특히 그 박스들의 사용이 건축법규들에 의해 요구되지 않는 곳에서는 사용하기를 꺼리는 경향이 있다. 만일 그들이 박스의 사용을 명시하지 않으면 노동자들을 높은 사망과 부상 위험에 처하도록 하는 상황에 기여하게 될 수도 있다. 또한 만일 그들이 박스의 사용을 명시한다면 도랑박스의 사용 때문에 발생한 어떤 사고의 소송에서 책임이 초래될 수도 있다. 이러한 사태를 염두에 두고 NSPE는 건설 안전 조처가 공학인들에 의해 명시되었지만 사용되지 않고 있거나 다른 사람들에 의해 부적절하게 사용되고 있는 곳에서는 공학인들을 사고에 대한 책임에서 특별이 면제해주자는 법이 통과되도록 적극적으로 미 의회에 로비활동을 벌이고 있다. 이것은 공학인들이 보다 효과적으로 노동자들의 안전을 도모할 수 있도록 해준다. 그러나 불행하게도 그 제안들은 지금까지 입법화되지 않고 있다.

트랜치박스에 대한 문제는 보다 일반적인 쟁점을 예시해준다. 만일 공학인들이 그것들의 방치 내지 부적절한 사용에 대한 책임을 지지 않고 자유롭게 안전 조처들을 명기한다면 그들은 공공의 안전을 보호해야하는 자신들의 책임에 대한 한 측면을 더 쉽게 이행할 수 있을 것이다.

1) 책임 있는 조직상의 불복종

우리가 피고용인과 그들의 고용주 사이의 불일치를 생각할 때 가장 빈번하게 떠올리는 단어는 내부고발(whistle-blowing)이다. 그러나 내부고발이 가장 흔하게 사용되는 것은 피고용인이 회사가 심각하게 잘못한 행동에서 유죄라고 확신할 때 공적으로 드러내는 것이다. 이것은 아마 가장 드라마틱한 고용주와 피고용인 사이의 불일치의 일례일 것이지만 특히 전문직에게는 가장 흔한 일은 아니다.

이러한 것을 조직상의 불복종이라 할 수 있는데 조직상의 불복종에 관해서 다음의 두 가지 점을 유념하는 것이 유용하다. 첫째, 전문직 피고용인이 복종하지 않거나 항의하는 정책은 아마 구체적이거나 일반적일 것이다. 그것은 아마 상급자의 특정한 명령이거나 일반적인 회사정책일 수도 있고 혹은 하나의 단순행위이거나 연속적인 일련의 행위일 수 있다.

둘째, 고용주는 아마 도덕적으로 잘못될 어떤 일을 하려는 의도가 없었을지도 모른다. 예컨대 어떤 공학인이 불량 형태의 장철 파이프 생산에 반대할 때 그는 자신의 회사가 불량품을 만들려고 한다고 반드시 주장하는 것은 아니다. 오히려 그는 의도하지는 않지만 아마도 불행한 결과에 이르게 될 일련의 행동에 대해 반대하고 있는 것이다.

2) 반대행위에 의한 불복종

공학인들은 아마 때때로 직장 밖에서의 그들의 행동들이 경영자에게 반할 수 있다는 것을 발견할 것이다. 경영자에 의한 반대들은 보통 둘 중의 하나이다. 첫째, 경영자들은 피고용인의 어떤 특정한 행동 혹은 아마 일반적인 생활 스타일이 조직에 불리하게 반영된다고 믿을 수 있다. 둘째, 경영자들은 피고용인의 어떤 행동들이 더욱 직접적인 방법으로 조직의 이익에 반대된다고 믿을 것이다.

만약 반대되는 행동에 의한 불복종으로 인해 피고용인을 처벌한다면 개인적인 자유를 상당히 침해하게 된다. 게다가 피고용인이 단순히 직업을 바꾸는 것만으로 조직에 끼치는 이런 종류의 피해를 피할 수 없을 것이다. 많은 조직들은 공학인의 정치적 관점이나 환경지지 노력에 의해서 아마 피해를 입었을 것이다. 그러므로 이런 형태의 피해를 조직상의 통제에 대한 정당화에 포함하도록 허용하는 것은 조직이 작업장 밖에서 피고용인의 삶에 상당한 영향을 행사하는 것을 허용하는 것이다. 우리 사회가 하는 것처럼 개인적인 자유를 가치 있게 생각하는 사회에서는 개인의 자유를 축소시키는 것은 정당화되기 어렵다.

그러나 이런 고려사항에도 불구하고 많은 경영자들은 그들 혹은 그들의 조직이 직장 밖에서 피고용인의 행동에 의해서 위협받는다고 믿을 때 이를 방지하기 위해 여러 행동을 취할 것이다. 여기에 관해서는 두 가지의 관찰이 적절할 것이다.

첫째, 직장 밖에서 피고용인의 활동은 그 조직에 다른 것보다 더욱 직접적으로 피해를 준다. 자기 회사의 환경오염에 대해 더 엄격한 제한을 위한 공학인의 캠페인은 아마 공학인의 사적인 성 생활보다 더욱 직접적인 영향을 회사에 줄 것이다. 피고용인들은 그들의 조직에 대한 피해가 더 직접적인 분야에서는 더욱 조심스러워야 한다.

둘째, 작업장 밖에서 공학인들의 활동의 축소가 그의 자유를 침해하는 정도에 대해서는 중요한 차이가 있다. 활동의 축소는 개인의 정체성과 강한 도덕적 혹은 종교적 신념과 밀접하게 관계가 있어서 더 지엽적인 신념과 연결되어 있는 활동의 제한보다 훨씬 심각하다. 그러므로 피고용인은 그들의 기초적인 개인적 활동에 있어서는 그들이 가장 중요하게 생각하는 관심에 더 부수적인 분야들에서보다 그들의 기본적인 개인적 헌신과 밀접하게 관련되어 있는 분야들에서 더 많은 자유가 허락되어야 한다.

3) 불참에 의한 불복종

불참에 의한 불복종은 전문직 윤리나 개인적 윤리에 근거를 두고 있다. 자신들이 불안전한다고 믿는 제품을 설계하기를 거부하는 공학인들은 공공의 안전과 건강, 복지에 대한 고려를 강조하는 전문직 헌장에 그 반대의 근거를 둘 수 있다. 그 목적이 기본적으로 폭력의 사용이기 때문에 군사적인 이용을 위한 제품의 설계를 거부하는 공학인들은 개인적 도덕성에 자신들의 근거를 두고 있음이 분명하다. 왜냐하면 윤리헌장들은 공학인들이 군사 프로젝트에 참여하는 것을 금지하지는 않기 때문이다.

불참에 의한 불복종에서는 몇 가지 것들을 명심해야 한다. 먼저, 어떤 피고용인은 지루하거나 도전적이지 않은 프로젝트를 피하거나 개인적인 어려움이 있는 다른 피고용인들과의 협력을 피하는 수단으로서 악용할 수도 있다. 그는 자신의 행위가 그런 식으로 해석되지 않도록 주의해야 한다. 두 번째로 고용주가 몇 가지 이유 때문에 작업 할당에서 빼달라고 하는 공학인의 요청을 존중하기란 쉬운 일이 아닐 것이다. 예컨대 달리 대체해서 그 공학인에게 할당할 일이 없을 수도 있고 그 일을 할 자격이 되는 다른 공학인이 없을 수도 있는 등의 이유가 있을 것이다. 이러한 문제들은 특히 작은 조직에서 심각하게 나타난다.

그럼에도 불구하고 우리는 가능하다면 조직이 양심의 문제에 기반한 문제들을 존중해야 한다고 믿는다. 일반 도덕은 사람의 양심의 위반이 심각한 도덕적 문제라서 선택하도록 강요해서는 안 된다. 물론 고용주들은 작업 할당을 대체할 만한 것을 가지지 못한 상황도 있을 수 있다. 그러나 많은 조직들은 부당한 경제적 희생 없이 그들의 피고용인들의 양심을 존중할 방법을 찾아야 할 것이다.

4) 항의에 의한 불복종

어떤 상황에서는 공학인들은 고용주의 행위들이 너무 못마땅해서 자신들이 반대하는 그 행위에 단순히 불참하는 것만으로는 자신들의 의사를 전달하기에 부족하다고 믿는다. 오히려 어떤 형태의 공식적인 이의제기(혹은 내부고발)나 항의를 생각할 수도 있다. 항의는 조직의 내부나 외부에서 있을 수 있다. 그러한 상황들은 공학인들이 자신들의 고용주, 자기 가족들, 자신의 경력 등에 대한 의무들의 균형을 맞추어야 하는 복잡한 갈등 상황으로 여겨질 수도 있다.

윤리헌장에 따르면 공공의 건강과 안전, 복지에 대한 의무는 다른 의무들보다 우선권을 가져야 한다. 그러나 그렇다고 해서 이것이 항상 공학인들의 결정을 쉽게 해주지는 않는다. 이런 갈등 상황을 해결하는 데에 발생하는 어려움에는 몇 가지 이유가 있다. 특정 상황에서 이해관계가 극단적인 개인의 희생(가령 실직)의 요구를 용납할 만큼 충분히 결정적인지는 간혹 불명확하다. 예컨대 공공에 미치는 해가 미약하거나 그러한 피해가 발생하느냐는 것도 의문시될 수 있다. 다시 말해 공공을 보호하려는 항의가 성공적일 것인지가 명확하지 않을 수도 있다. 또한 내부고발이 도덕적으로 정당화되기 위해서는 먼저 충족되어야만 하는 일련의 기준들이 있다. 내부고발에 관해서는 제2부 제5장에서 상세히 다루어질 것이다.

3 공학인의 권리

1) 직업상의 개인적 권리

공학인의 직업적 지위는 공학인에게 많은 책임(의무)들이 부과되어 있고 이 책임은 공학인의 권리에 수반되어 있다는 점을 고려하지 않을 수 없다. 아래의 사항은 공학인 개인이 갖는 중요한 권리이며 이와 관련된 사람들은 이를 보호할 의무(책임)를 진다.

첫째, 직업적 지위와 무관한 개인적 권리 : 사적 자유(privacy)의 권리
둘째, 직업적 의무 외의 자기 선택의 활동에 참여할 권리 : 개인의 자아 개발의 권리
셋째, 보복의 공포 없이 회사의 정책에 근거 있는 반대의 권리 : 직업상의 의사 표현의 자유
넷째, 정당한 절차에 따를 권리 : 정당한 절차의 행사권

2) 직업적 기본 권리로서 직업적 양심의 권리

직업적 양심의 권리란 자기의 의무나 책무를 다함에 있어 자기의 직업적 판단을 행사하고 이를 윤리적으로 이행할 권리를 말한다. 이 권리는 공학인의 직업적 실천의 기초지만 동시에 이 권리는 종종 고용주에 의해 침해되는 경우가 많다. 또한 직업적 양심의 권리는 여러 국면들을 소유하고 있으며 이 중 다음의 두 가지 거부권의 행사는 중요한 권리들이다. 첫째는 양심적 거부권이며 두 번째는 비윤리적 행위에 대한 참여 거부의 권리이다.

그런데 이러한 권리에 대한 윤리적 근거는 무엇인가 하는 물음에 다음과 같이 답할 수 있다. 즉 어떠한 고용주도 피고용인에게 비윤리적이고 용납될 수 없다고 생각되는 일을 요구 혹은 강제할 수 없다. 예컨대 어떤 제품과 관련하여 테스트 결과를 유리한 쪽으로 위조하도록 요구하거나 혹은 제품의 안전성에 관해 날조하도록 요구하는 것이 이에 해당된다. 하지만 이러한 경우라 하더라도 고용주와 피고용주의 윤리적 입장이 정당하게 상반될 때는 분명하지 않은 경우가 있다. 예컨대 방위 산업체에 종사하거나 환경에 위험한 산업에 종사하는 자가 이에 참가 여부를 결정해야하는 경우가 그것이다. 만약 양심이 허락하지 않으면 이 일을 거부하는 것이 허락되어야 한다. 고용주는 공학인의 이러한 요청에 순응하는 것이 이성적일 것이다.

4 이해의 충돌

공학과 관련한 업무상의 비리 행위는 대체로 책임자의 사적·개인적 이익추구에 의해 야기된다. 행위자의 개인적 이익추구가 공적인 임무의 수행과 어긋날 경우, 즉 서로 충돌할 경우 우리는 이를 이해의 충돌(Conflict of Interest)이라 부른다. 이해 충돌은 여타 전문 직종이 다 그렇겠지만 공학 분야도 예외 없이 이를 피하도록 규정해 놓고 있다. 가령 전문공학인협회(NSPE)는 윤리헌장의 직업적 의무 5항에서 다음과 같이 규정하고 있다. "공학인은 자신의 직업 의무에서 갈등 이해관계에 의해 영향을 받지 않아야 한다." 또한 전기전자공학인협회(IEEE)도 윤리헌장 2조에서 "실제 또는 예상되는 이해 충돌을 가능한 한 언제든지 피하고 그러한 것들이 있을 때 당사자에게 이를 알린다"라고 이해충돌에 관한 규정을 명시해 놓고 있다. 뿐만 아니라 토목공학인협회(ASCE)는 윤리헌장의 기본규범 4조 a항에서 "공학인은 자신의 고용주 혹은 의뢰인과 알려졌거나 가능한 모든 이해갈등을 피해야 하고 자신의 판단 또는 업무 질에 영향을 줄 수 있는 어떤 비즈니스 제휴, 이익 또는 환경에 대해서 자신의 고용주 혹은 의뢰인에게 즉시 알려야 한다"고 규정해 놓고 있으며, 기계공학인협회(ASME)도 윤리헌장 기본규범 4조에서 "공학인은 직업 문제에 있어서 고용주 또는 의뢰인을 위해 성실한 대리인 혹은 수탁자로서 행동해야 하고 이해갈등이나 이해갈등의 출현을 피해야 한다"라고 매우 엄격하게 이해충돌의 금지 사항들을 명시해 놓고 있다. 우리는 먼저 이해 충돌에 대한 정확한 이해와 논의를 위해 개념적으로 이를 분명히 해 두어야 할 필요가 있다.

1) 이해 충돌의 개념

일반적으로 어떤 행위자의 활동이 자신에게 이익을 가져다주면 이 활동과 관련한 어떤 사람이 손해 혹은 이익을 보게 되는 경우 이 둘은 이해관계에 있다고 한다. 이 관계에 있어서 양자의 이익추구가 일치하는 경우 별 문제가 없지만 다음과 같은 상황이 발생하는 경우 심각한 윤리적 문제가 존재한다.

(1) A는 어떤 활동 P로 인해 B와 이해관계에 있다.
(2) A가 P를 실행하면 B에게 손실을 가져다주거나 이익추구를 어렵게 한다.
(3) A는 B의 이익 증진에 기여할 책임을 가지고 있다.

이러한 경우 "A는 P를 함으로써 B와 이해관계로 충돌한다"고 한다. 여기서 행위자 A와 당사자 B는 단일 혹은 복수의 개인일 수도 있고 단체나 조직일 수도 있다. 행위자 A의 이익이 어떤 활동 P로 인해 상당히 크거나 손쉽게 얻을 수 있는 경우 이에 대한 유혹이 강하게 작용하게 될 것이다. 이해충돌은 대부분 사적 이익(private interest)과 공적 이익(public interest) 간의 충돌을 의미한다. 문제 되는 책임은 보통 행위자와 행위의뢰인 혹은 업주와의 합의에 의한 대행관계에서 발생하며 업주의 권익 보호와 증진을 위한 협의와 조정을 전제로 한다.

이해 충돌이 발생하는 원인은 인간의 이기적 심성 때문이기도 하지만 이해충돌의 상황이 피하기 어려운 경우도 많이 있다. 특히 업주 혹은 의뢰인이 여럿인 경우 그들 모두에게 유리하도록 하는 것은 쉬운 일이 아니다. 이런 이유로 많은 회사들은 업무를 맡을 경우 이해 충돌을 예방하기 위하여 제반 제약조건을 분명히 하고 있다. 이해 충돌은 어떤 행위의 결정자가 자기의 지위를 이용하여 지위상의 본래의 목적과는 달리 자기에게 유리하고 쉽게 결정할 소지가 있을 때 자주 발생한다. 이러한 소지는 결정자의 주관적 결정이 개입될 가능성이 많은 활동, 예컨대 보고, 판단, 판정, 평가, 결정, 선정 등에 상존한다.

이해 충돌은 대체로 식별되기 어려운 것이 많으므로 음성적으로 진행되거나 이해 충돌의 의혹을 받는 상황들이 많기 때문에 이해 충돌 상황의 발생을 예방하고 이해 충돌의 의혹이 있을 경우를 위해 명확한 해명자료의 마련이 불가피하다. 이러한 어려움 때문에 충돌 문제의 능숙한 해결 능력은 대단히 높은 인격자의 자질 뿐 아니라 지도자의 자질로 인정되기도 한다. 이해 충돌은 그 성격상 인연이나 학벌, 지역주의적 연고가 중시되는 사회에서는 특별히 어려운 문제일 수 있다.

이해 충돌의 상황은 이해당사자 혹은 집단들 사이에 많은 갈등을 초래하는 바람직하지 못한 상황이다. 이해 충돌 상황에서 공정한 결정을 해 달라는 요구는 당연시 된다. 그러나 공정한 결정을 할 수 없거나 공정한 결정을 하더라도 공정성 자체가 문제가 되는 심각한 경우가 발생하기 때문에 이 상황이 일어나지 않도록 방지하는 방법이 가장 최선의 방책일 것이다. 그러므로 이해 충돌의 방지는 공학인들에게 있어 대단히 중요한 의무의 하나이다. 이런 점에서 각 공학인 단체들의 윤리헌장들은 이해 충돌을 당연히 피해야 할 것을 명백히 하고 있다.

2) 이해 충돌의 유형들

이해 충돌은 그 성격에 따라 다음과 같은 세 가지 종류로 나누어 생각해 볼 수 있다.

(1) 실제적 충돌(actual conflict of interest)

이것은 실제로 객관적·공학적 판단을 어렵게 하는 이해 충돌이다. 예를 들어 BART의 사례에서 BART의 엔지니어들이 회사나 상관의 요구에 따를 것인가 공공인의 요구에 따를 것인가의 충돌 상황이 이에 해당한다.

(2) 잠재적 충돌(potential conflict of interest)

이것은 실제적 충돌이 일어날 소지가 있는 경우이다. 예컨대 회사의 한 공급자가 나의 친구라는 것을 알았다면 이 경우 반드시 이해 충돌을 구성하지는 않지만 나의 판단이 우정 유지의 필요성과 충돌할 잠재성을 충분히 가지고 있다. 피고가 판사의 친척일 경우도 이에 해당한다. 증권 거래를 하고 있는 기자가 증권 시세에 관한 칼럼을 쓸 경우도 역시 마찬가지이다.

(3) 외견상의 충돌(appearance of a conflict of interest)

이것은 실제로는 그렇지 않지만 주변에서 보기에 이해 충돌이 있는 것처럼 보이는 경우이다. 예를 들어 한 엔지니어가 설계비용의 퍼센테이지를 근거로 보수를 받을 경우 그 나름대로 공학인의 양심에 따라 설계비용을 책정했음에도 불구하고 주변에서 보기에는 그 엔지니어가 많은 보수를 받기 위하여 설계를 비싸게 하고 있는 것처럼 보일 수 있다. 예산의 책정, 예산안의 작성에는 이러한 요소들이 잠재해 있다. 외견상의 충돌이 존재하는 상황도 역시 대단히 중요하다. 왜냐하면 이 외견상의 이해 충돌 상황이 불러일으키는 불신(distrust)은 엔지니어의 판단에 의심을 불러일으킬 수 있기 때문이다.

3) 이해 충돌이 해당되는 경우들

이해 충돌은 개념적으로 대단히 모호하고 복잡하기 때문에 도덕적 비난의 대상임에도 불구하고 구별하기가 쉽지 않다. 이해 충돌의 개념적 이해뿐만 아니라 이해 충돌 행위가 왜 비도덕적인지를 이해하기 위하여 이해 충돌에 해당할 수 있는 행위들을 살펴보는 것이 중요하다. 이해 충돌을 유발시킬 수 있는 행위들은 대별하면 다음과 같은 네 가지 경우들에서 빈번하게 발생할 수 있다.

① 편향 판단의 행사(exercising biased judgement)
② 직접 경쟁의 유발(engaging in direct competition)
③ 직위 악용(misusing a position)
④ 기밀 침해(violating confidentiality)

(1) 편향 판단의 행사

전문가들은 자신들의 고객으로부터 위임받은 일에 대한 충실한 이해와 그에 대한 높은 보수를 받는 것이 자신의 이익추구가 될 수 있다. 그러나 그들의 직업적 실천은 단지 여기에만 그치는 것이 아니고 그들을 전문가로 인정하는 공공인에 대한 의무와 결부되어 있다. 전문가들 특히 공학인, 변호사, 의사, 회계사들은 고객에 대한 봉사를 위해 사용되어야 할 특수 전문지식을 단지 상업적 수단으로만 사용할 경우 자기 고객만의 이익을 위한 편향된 판단을 행사하고 이 경우 이해 충돌이 발생할 수 있다.

전문가들은 단지 타인들의 이익을 위한 판단의 수단인 그들의 지식을 사용한 대가로 보수를 받는 것이 아니라 그들의 봉사 가치의 일부는 전문가의 판단에 대한 공공인의 신뢰에 있다. 예컨대 공인회계사는 단순히 회계 감사의 일만이 아니라 진술의 정확성과 공인된 회계 원칙에 부합하는지를 인증하는 일을 한다. NSPE의 윤리강령에 의하면 공학인은 안전하지 못하고 공인된 공학기준에 부합하지 않는 계획서나 명세서의 제시를 금지하고 있다. 그러므로 공학인의 서명은 곧 바로 질의 보증을 의미한다. 편향판단을 일으키는 요인들 중 고객으로부터의 뇌물수수는 상당히 크게 작용한다.

(2) 직접 경쟁의 유발

한 피고용인이 소속 고용회사와 경쟁하는 타회사를 지원할 경우 이 두 회사 간의 불미스런 직접 경쟁이 발생할 수 있다. 이러한 경우도 분명히 이해 충돌에 속한다. 피고용인이 고용인의 일 이외에 고용인과 경쟁관계에 있는 타 고용인의 이익추구에 종사하는 경우 이는 직접 경쟁 관계가 되고 이로써 고용인에 대하여 불리한 판단을 내리게 되므로 진정한 의미의 고용관계를 파괴하는 결과가 된다. 게다가 피고용인의 작업의 질이 점차 낮아지고 그의 노력도 다른 활동들에 쏠릴 것이다. 직접 경쟁은 이러한 위험이 없더라도 일반적으로 회사들 사이에서는 금지되고 있는 일이다.

(3) 직위 악용

행위자가 자신의 지위를 이용하여 지위상의 본래의 목적과는 달리 자기에게 유리하게 행동할 때 역시 이해 충돌을 구성한다. 한 증권 취재기자가 자기의 증권거래에 유리하게 기사를 쓰는 경우가 이에 해당될 수 있다. 특혜, 직권남용, 착취, 착복, 직무유기, 직무태만, 배임행위 등은 모두 직위의 악용을 통한 이해 충돌 행위에 속한다.

(4) 기밀 침해

기밀 누설 역시 이해 충돌을 구성한다. 예컨대 변호사, 공인회계사, 의사, 공학인 등 기타 전문가들이 사내 기밀이나 고객으로부터 얻은 정보를 사적 이익을 위해 사용하는 것은 고객에게 아무런 직접적인 영향을 미치지 않더라도 금지된다. 특히 회사의 고위직 이사들은 사내의 많은 정보와 내밀히 관여하기 때문에 그것을 개인적인 이익을 위해 사용할 가능성이 있다.

4) 이해 충돌 피하기

이해 충돌을 피하기 위해서는 다음의 선택 단계를 거치는 것이 좋을 것이다. 먼저 많은 회사들은 이해 충돌을 피하기 위한 정책들을 마련해 놓고 있다. 그러므로 그러한 회사의 정책과 지침에 따르도록 한다. 둘째 만일 회사에서 정해 놓은 정책이나 지침이 없다면 협력자나 매니저에게 자문을 구하고 제2의 의견을 얻도록 한다. 그리고 이렇게 함으로써 얻을 수 있는 효과는 내가 무엇을 숨기려 하지 않는다는 것을 명백히 할 수도 있다는 이점이 있다. 셋째 위의 두 가지 선택이 불가능하다면 이해 충돌을 다 같이 금지하는 직업적 윤리헌장들의 조문들을 잘 관찰하여 참조한다. 이 경우 내가 속해 있는 단체의 윤리헌장을 먼저 검토하고 이마저도 여의치 않을 경우에는 다른 관련 단체들의 윤리헌장을 검토한다. 나의 상황이 이해 충돌 상황에 있는지 아닌지를 결정해주는 조문들이 반드시 있을 것이다.

제3장 직업정신과 윤리헌장

1 전문 직종으로서의 공학

1) 전문직종의 요건들

어떤 직종이 전문 직종으로 인정받기 위해서는 일반적으로 다음과 같은 네 가지 조건을 만족시켜야 한다. 1) 업무상의 요건으로서 직업 종사자는 최소한 숙련된 기량을 발휘해야 하고, 결정권을 행사해야 하며, 자유재량권을 실행할 수 있어야 한다. 이러한 요건들의 특성은 전문 직종이 되기 위해서는 그 직종의 일이 판에 박힌 일이 아니며 기계화될 수 없는 일이어야 한다. 2) 종사자의 교육 여건으로서 그 직종에 종사하는 사람들은 단순한 훈련이나 견습이 아니라 광범위한 정규교육을 필요로 한다. 3) 종사자의 사회적 요건 혹은 소속 단체 요건으로서 직업 종사자는 해당되는 전문협회 혹은 기구가 결성되어 있고 회원들은 이에 공적으로 예속되어야 한다. 이 기구의 주요 업무는 직업 허가의 기준들과 회원들의 행동 기준들을 마련하고 이 기준들의 강제적 실시에 관한 결정을 논의 시행하는 일이다. 4) 마지막으로 종사자의 공적 업적 요건으로서 이는 그 직종의 직업 실천의 결과가 사회적 공동선에 기여해야 한다.

2) 직업으로서의 공학

공학 관련 직종들이 전문 직종으로 인정받기 위해서는 위에서 말한 전문 직종의 요건들을 충족시킬 수 있는지를 살펴보아야 할 것이다. 먼저 공학 관련 직종들은 자료, 부품, 장치의 구매 및 사용을 결정하고 평가, 심사하며, 또한 프로젝트나 업무를 진행하고 명령한다는 측면에서 숙련된 기량 및 결정권을 행사하고 있다. 그리고 지적소유권과 특허권 등의 자유재량권을 행사하므로 업무상의 요건을 훌륭하게 충족시키고 있다. 둘째 공학인의 교육 요건으로서 공학인은 대학교육 과정(공학사)을 요구한다. 혹은 그 이상의 공학석사, 공학박사 등의 교육과정을 요하기 때문에 교육 요건 또한 만족할 만하게 충족시키고 있음을 알 수 있다. 셋째 공학인들은 자신들만의 전문기구나 협회들—예컨대 IEEE(전자공학인협회), ASME(기계공학인협회), NSPE(전문공학인협회)—을 조직하고 있으므로 사회적 요건 혹은 소속 단체 요건 또한 충족시키고 있다. 넷째 공학인들은 쾌적한 생활환경의 조성, 시민들의 건강의 증진, 편리한 생활도구의 제공, 통신 체제의 구축, 운송 체제의 구축, 에너지 자원의 조달, 의료 진단 기구 및 치료 장비의 고안 등의 사회적 공동선을 촉진하고 있다. 그러므로 공학 관련 직종들은 전문 직종으로 인정받기에 아무런 문제가 없음을 알 수 있다.

2 전문직업인의 윤리헌장

1) 윤리헌장의 기능 및 작성요령

윤리헌장의 내용은 소속 회원들의 인성, 권리, 의무, 임무, 책임 등에 관한 것들을 규정해 놓고 있다. 그러므로 윤리헌장은 소속 회원들의 윤리적 판단을 위한 윤곽 및 발판을 제공하고 윤리적 결단 내리기의 출발점을 제시하며 직업 종사자들 모두 윤리적 행위를 하자는 공동 서약(commitment)의 기회를 제공하는 기능을 한다. 그리고 그 내용으로서는 기존의 윤리적 원리들을 직업 실천 상에 일어나는 일과 관련하여 직접 적용할 수 있게 정리한 것이다.

그리고 윤리강령 작성의 목표는 새로운 도덕 원리를 만들고자 하는 것이 아니라 기존의 윤리적 원리들을 직업 실천에 구체적이고도 분명하게 적용할 수 있도록 돕고자 하는 것이다. 따라서 애매하고 여러 해석이 가능할 수 있는 비논리적 문장은 이러한 목표를 달성하는데 아무런 도움이 되지 않고 혼란만을 야기할 뿐이다. 그 구체적인 작성 요령은 다음과 같다.

1) 지켜야 할 사안은 구체적이어야 한다(구체성).
2) 조문의 문장들은 명석 판명해야 한다. 즉 조문에서 사용하는 말들은 애매모호해서는 안 된다(명석 판명성).
3) 조문들 사이에는 상호충돌(모순)이 없어야 한다(논리성).
4) 소속 회원이라면 누구에게나 조문들이 적용되어야 한다(보편성).
5) 조문들의 순서는 그 중요도에 따라 체계적으로 정해져야 한다(체계성).

한편 윤리 헌장이 각 기관마다 있음에도 불구하고 제대로 이행되지 않은 경우가 많다. 이것은 특히 공학인의 경우에 그 정도가 더 심한 편이다. 그 이유는 비교적 소수의 회원이 협회에 가입되어 있기 때문이기도 하지만 그나마 회원들도 헌장의 내용에 관하여 인식이 부족하고 윤리 헌장을 알고 있다 하더라도 실천하는 사람이 드물기 때문이다. 윤리헌장에 대한 실천이 드문 주요한 이유는 윤리헌장의 내용들이 종종 실천적 상황에서는 조문들 간의 심각한 내적 충돌을 일으키기 때문에 지키기에 어려운 점이 늘 상존하기 때문이다. 그러므로 애초에 윤리헌장을 만들 때부터 이러한 내적 충돌을 가능한 한 피하도록 만들어야 할 것이다.

2) IEEE(The Institute of Electronics Engineers) 윤리헌장 : 전기전자공학인협회 윤리헌장

우리 협회인들은 전 세계를 통하여 삶의 질에 영향을 미치는 우리의 공학 기술의 중요성을 인식하고 우리의 직업, 공학협회 구성원, 또 우리가 봉사하는 공동체에 대하여 개인적인 의무를 짊에 있어서 최선의 윤리적, 직업적 행위를 수행할 것을 서약하고 다음 사항에 동의하는 바입니다.

1) 공공의 안전, 건강, 복지에 맞는 공학적 결정을 하는 것에 책임을 지고 사람이나 환경에 위험을 줄 요인들을 즉각적으로 알린다.
2) 실재적이거나 예상되는 이해의 충돌은 가능한 한 언제든지 피하고 그러한 충돌이 있을 시에는 당사자에게 이를 알린다.
3) 유효한 자료에 근거하여 청구나 평가를 진술함에 있어서 정직하고 현실적이어야 한다.
4) 어떤 형태이든 뇌물을 거절한다.
5) 공학 기술과 그 적절한 응용 그리고 잠정적 결과에 대한 이해를 향상시킨다.
6) 우리의 기술적 역량을 유지하고 향상시키며 오직 수련이나 경험에 의해 자격이 부여될 때 혹은 관련된 한계점을 완전히 밝힌 후에 타인을 위한 기술적 과제를 맡는다.
7) 기술적인 일에 대하여 진솔한 비판을 추구하며 수용하고 그리고 제공한다. 또 잘못을 범했을 시에는 이를 인정하고 바로 잡으며 다른 사람이 기여한 바를 올바르게 인정한다.
8) 인종, 종교, 성별, 장애, 나이, 출신 국가에 관계없이 모든 사람을 공평하게 대한다.
9) 다른 사람의 신체, 재산, 명성이나 직업을 거짓되고 악의적 행동으로 상해하는 것을 피한다.
10) 동료나 동업자가 직업적인 발전이 있도록 돕고 이 윤리 강령을 준수하도록 노력한다.

IEEE 윤리헌장의 특징은 고용주에 대한 의무 조항이 전혀 없다는 점과 환경보호의 의무조항이 포함되어 있다는 점이다. 특히 주목해야 할 점은 1990년 이 윤리헌장이 성안될 당시에는 다른 공학 윤리헌장들에는 환경보호 조항이 언급되어 있지 않았다는 점이다. 고용주에 대한 의무 조항이 없다는 것은 고용주와의 윤리적 충돌을 피하고 공학인의 윤리적 의무와 권리를 강화하고 공학인의 윤리적 행동을 보호하자는 의도가 있다. 그리고 환경보호의 의무가 있다는 점은 공학인들의 환경보호 의무가 소홀히 다루어져서는 안 된다는 점을 시사하고 있다.

3) 윤리헌장의 내적 충돌의 문제

윤리헌장의 조항들은 직업 실천에서 가장 중요하고 기본적인 행위들을 정하고 있음에도 불구하고 특정 프로젝트나 업무를 수행함에 있어 이에 적용되는 윤리 조항들을 모두 다 지킬 수 없는 상황이 자주 발생한다. 이 경우 공학인들은 매우 심각한 윤리적 딜레마에 직면하게 된다. 왜냐하면 하나의 조항을 지키자면 어쩔 수 없이 다른 조항을 위반할 수밖에 없는 상황이 발생하기 때문이다. 즉 윤리적 행위이면서 동시에 비윤리적 행위가 발생하기 때문이다. 이런 경우 우리는 윤리적 의무들이 서로 충돌하는 내적 충돌의 상황이라고 말한다. 하지만 상황의 이러한 심각성에도 불구하고 윤리헌장 자체는 이에 대한 아무런 해결책을 언급하고 있지 않다.

어느 협회의 윤리헌장이나 내적 충돌이 가장 심한 것은 고용주에 대한 의무와 공공인에 대한 의무이다. NSPE Code의 제1조 4항(엔지니어의 고용주에 대한 의무)에 따르면 엔지니어는 고용주가 선호하는 설계는 안전하지 못한 설계이더라도 계속해야 한다. 반면에 제1조 1항과 서문에는 "공공인의 안전을 최우선으로 간주하라"고 되어 있다. 여기서 두 조항 간의 충돌이 잠재되어 있다. 하지만 이러한 조항들로 인해 실제로 충돌이 발생할 경우 일반적으로 받아들여지는 그 우선순위는 '공공인의 안전이 최우선'이다. 윤리헌장 내의 모든 조항들이 동등하게 중요하다는 것은 아무런 의미가 없다. 분명히 조항들 간에 내재적 계급이 존재한다. 대부분의 윤리헌장들에서 이를 명시적으로 언급해 놓고 있지는 않지만 내적 충돌은 조항들의 이러한 내재적 계급에 대한 인식에 따라 제어될 수 있다. 우리가 앞서 살펴본 윤리헌장을 작성하는 몇 가지 요령들 중 조항들의 체계성은 바로 이러한 조항들의 내재적 계급에 관한 힌트를 암시하고 있는 것이다.

4) 윤리헌장은 소속 회원들을 보호할 수 있는가?

고용주의 윤리적 침해 행위들, 즉 피고용인에게 부당하게 비윤리적 행위를 지휘하거나 강요하고 또는 이러한 부당한 지시에 따르지 않았을 경우의 처벌에 대해 윤리헌장은 이에 대한 방어 수단이 될 수 있다. 또한 협회의 역할은 피고용인의 권리의 보호자여야 한다.

이에 대한 한 좋은 실례로서 BART(the Bay Area Rapid Transit, 샌프란시스코 고속전철)의 경우를 들 수 있다. BART에서 일하던 세 명의 엔지니어들이 회사로부터 해고당하는 일이 발생했다. 이들이 해고된 계기는 BART의 신형 전철을 설계한 후 테스트 과정에서 제어시스템에 결함이 있음을 지적한 데 있었다. 하지만 경영진에서는 이들의 문제제기를 이유삼아 이들을 해고했고, 그 결과 이들 엔지니어들은 자신들의 부당한 해고에 대해 법원에 소송을 제기했다. 그리고 이들에 대한 판결과정에서 IEEE 윤리헌장이 결정적으로 중요한 기능을 담당했다. 즉 이들 엔지니어들은 공공인의 안전에 대한 의무를 충실히 이행했다고 증언을 한 것이다. 그리고 이에 의거 결국 그들은 승소 판결을 받았다. 따라서 만일 이와 같은 분쟁이 발생할 경우 이러한 형태의 중재 역할이 협회와 윤리헌장의 본질이 되어야 하고 또한 이를 강화하기 위해서 협회는 회원의 증원 등의 강화 방안에 힘써야 할 것이다.

제4장
공학인의 안전에 대한 책임

ENGINEERING ETHICS

사례연구

ValueJet 592 호기 플로리다 에버그레이드 추락사고

1996년 5월 11일 기상 상태는 맑은 날씨였다. 밸류젯 592호기가 마이애미 국제공항 활주로를 출발한 지 몇 분 후 기장실과 여객실에 연기가 가득 차게 된다. 그리고 곧 기장이 질식하고 기체는 갑자기 급강하한다. 전파탐지기가 고도를 기록할 수 없을 정도였다. 자동조정기가 겨우 상공 1000feet(약 330m)를 유지하고 있었으며, 이에 마이애미 공항의 관제탑에서는 사고기에게 Florida, Opa Locka 공항에 착륙할 것을 명령하지만 결국 사고기는 Everglades 지역에 추락하게 된다. 이 사고로 인해 조종사 2명과 승무원 3명, 승객 105명 전원이 사망하였다.

사고기는 추락 직전 Chemical Oxygen Generator에서 화재가 발생했다. 사고기의 각 좌석위에는 Oxygen Canister가 있었고, 위험시의 사용을 위해 산소 공급 마스크에 연결되어 있었다. 하지만 이것에 대한 관리는 일반적으로 별로 신경 쓰지 않았던 일이다. Sabre Techs 소속의 항공수리공이 다섯 개의 Oxygen Canister를 교체할 당시 사고 기체의 안전 마개(cap) 대신 tap을 사용하는 실수를 저질렀다. 이 과정에는 다른 수리공도 참여하였으며 cap을 사용했다고 허위로 기록하였다.

이 사고는 비행기가 이륙한 직후 순식간에 일어났으며 이 점은 챌린저호의 폭발사고와 유사하다. 하지만 다른 점은 이 사고는 기계설계사의 잘못이 아니라 위험물의 보안관리(securing) 및 취급상의 실수에 의한 것이라는 점이다. 그렇다면 이런 유형의 사고에 대하여 엔지니어의 책임은 무엇인가? 엔지니어들은 사용자에 의한 위험을 최소화하기 위한 설계를 어떻게 해야 하는가?

1 | 엔지니어의 지상 의무로서의 안전

밸류젯 592호 추락 사고를 통해 여기서 우리가 고찰해보아야 할 문제는 다음과 같다.

(1) 안전과 위험의 개념

(2) 사고의 본질

(3) 사고 방지와 공공인의 안전 보장에 있어서 공학인의 역할

1) 안전과 위험

윤리헌장들에 나타난 엔지니어의 사회에 대한 책임은 제품, 사업의 설계 및 생산에 있어서 최대한의 안전에 기여하는 것이다. 하지만 논리적으로 제품 설계의 개념 안에는 이미 안전 개념이 내포되어 있다고 보아야 한다. 왜냐하면 제품 설계의 실패 자체는 곧 사고로 이어지고 설계의 성공은 안전을 전제로 했을 때 가능할 수 있기 때문이다.

하지만 공학적 설계에 있어서의 사실적 전제는 어떠한 것도 100% 안전할 수는 없다는 것이다. 그리고 이것은 사실 공학 설계의 불가결한 요소이기도 하다. 따라서 엔지니어들이 도모해야 할 안전은 '합리적으로 가능한 것으로서의 안전'이어야 한다. 즉 만약 어떤 일의 위험들을 충분히 숙지하여 그 일이 안전하다면 이들의 확립된 가치 원리의 견지에서 합리적인 사람들은 이러한 위험들을 수용 가능하도록 판단할 것이다.

한편 위험은 '우리가 원하지 않지만 해로운 어떤 일이 발생할지도 모르는 잠재적인 어떤 것'을 의미한다. 사실 안전은 가치판단(비교판단)으로서 대단히 애매모호할 수 있다. 즉 우리는 안전과 관련하여 단지 어떤 것과 비교한 후에 '매우 안전'하다거나 '비교적 안전'이라는 식으로 표현한다. 하지만 그럼에도 불구하고 안전한 설계와 안전하지 못한(위험한) 설계의 구별은 비교적 명백하다.

2) 공학인이 지켜야 할 네 가지 안전 기준

엔지니어들이 공학적 설계에 임할 때에는 적어도 다음의 네 가지 사항을 반드시 준수하여야 할 것이다. 이를 안전 설계의 기준 혹은 수칙이라고 부른다.

(1) 법률로 정해져 있는 안전 관련법을 최소한 따랐는가?

(2) 일반인(사용자)에게 수용될 수 있는 사용 기준에 맞추었는가? 즉 안전한 사용을 위한 설계가 되었는가? 그런데 이 기준은 많은 회사들에서 대단히 소홀히 취급되는 경향이 있다. 가령 어떤 제품이 복잡하거나 까다로운 사용 방법으로 인하여 잦은 고장이나 사고가 발생할 경우 사고의 자사부담(품질보증)의 원칙과 A/S의 원칙이 고려되어야 하지만 그렇지 못한 경우가 많다.

(3) 잠정적 위험성에 대한 안전 대책(사고방지책과 사고발생 후의 대책)이 있었는가? 혹은 잠정적으로 좀 더 안전한 대비책을 연구 반영 하였는가? 여기서 예상될 수 있는 잠정적 위험성의 예로서는 부주의한 사용 및 관리로 인한 위험, 화재나 감전, 어린이나 노약자에 의한 제품의 오용 등을 들 수 있다. 또한 사고가 났을 경우에 피해의 확대를 막기 위한 대책이 강구되어야 할 것이다. 즉 잠정적 위험성에 대한 안전 대책, 잠정적 사고와 이에 대한 대비책의 연구가 안전설계를 위해 반드시 필요하다. 하지만 이 경우도 대단히 소홀히 취급되는 경우가 많다. 이 기준을 준수하기 위해서는 단순히 제품에 경고쪽지를 부착하는 것으로만 만족하지 말고, 설계 단계에서 이미 최대한의 창의력을 발휘해서 이를 예방할 수 있는 방법을 강구해야 할 것이다. 또한 제품이 출시된 이후에도 꾸준한 대비 혹은 대체설계의 개발이 필요할 것이다. 엔지니어와 회사는 언제나 새 버전을 계획하고 준비할 필요가 있다.

(4) 사용자에 의한 제품의 잠재적 오용을 예견하고 이 문제를 피하도록 설계하였는가? 이 기준은 제품의 비윤리적 사용에 초점이 맞추어져 있다. 엔지니어들이 이 기준까지 만족시키기란 쉬운 일이 아니지만 그럼에도 불구하고 만일 하나의 제품이 본래의 목적을 떠나 비윤리적으로 사용되거나 될 수 있다면 이 제품에 대한 설계는 상당히 심각한 문제를 안고 있는 것이다.

3) Alan D. Wilcox의 안전 설계를 위한 6단계 모델

(1) 1단계 : 문제의 정의(문제의 분석)

이 단계는 실행 예정인 사업이나 생산될 제품에 대한 명확한 정의와 사업에 관련된 문제들을 분명히 하기 위한 단계이다. 그러므로 이 단계에서는 문제의 분석(종류), 즉 문제를 규정할 사항들이 다음과 같이 제시되어야 한다. 그리고 여기에서는 반드시 사실적·개념적·도덕적 쟁점들이 해결되어야 한다.

① 필요조건들

사업이나 제품 생산에 필요한 물품들을 말한다. 예컨대 사업 혹은 제품 생산에 투입되어야 할 자금, 장비, 인력 등이 제시되어야 한다.

② 요구사항들

이것은 사업이나 제품 생산을 위한 전제조건들을 의미한다. 즉 사업의 패러다임(희망사항)이나 사업의 목적, 사업의 사회적 의무와 권리 등이 여기서 제시된다.

③ 제약조건들

이것은 사업의 실행과 관련해 예상되는 법적 제약들(가령 안전 관련법규 등)이나 행정부의 억제 요인, 사회적 여건 등의 기타 사업 실행에 있어 예상되는 어려운 점들을 제시한다.

(2) 2단계 : 다양한 해결책의 발상

2단계에서는 1단계에서 규정한 문제들에 대한 해결책의 발상단계이다. 그러므로 이 단계에서는 최대한의 창의력을 발휘하는 것이 필요하다.

(3) 3단계 : 각 해결책에 대한 장단점을 분석

2단계에서 제시된 각 해결책들에 대한 실행 결과들을 정하고 그 장단점을 분석함으로써 문제들을 얼마만큼 해결할 수 있는지가 이 단계에서 조사되어야 한다.

(4) 4단계 : 해결책들의 테스트

위의 해결책들이 맞는지 테스트한다. 이 때 테스트 할 수 있는 것은 반드시 테스트하고 테스트하기 어려운 것은 합리적인 대안의 테스트 방법을 연구해야 한다. 이 단계는 안전 설계에 있어 가장 중요한 과정이기 때문에 이 과정을 정확하게 하지 않은 경우는 책임을 면치 못한다. 그러므로 테스트 과정의 결과는 반드시 기록물로 남아 있어야 할 것이다.

(5) 5단계 : 최선책을 선택

이 단계가 가장 중요하고 결정적인 단계이다. 이를 위해 비용–이익의 분석 등의 여러 가지 기법을 사용하여야 한다.

(6) 6단계 : 해결책을 실시

'안전이 최우선이다'는 것을 지키기 위해 즉 위험을 최소화하고 안전을 최대화하기 위해서는 1단계 문제의 정의와 분석에 안전성에 관한 내용들을 반드시 추가하고 5단계에서 안전, 위험을 고려 사항에 반드시 넣어야 한다. 이 때 안전성은 최상위에 위험성은 최하위로 한다.

4) 위험의 최소화와 안전의 최대화

위험의 최소화 즉 안전의 최대화는 생각보다 엔지니어들에게 가장 어려운 과제일 수 있다. 그 이유는 위험은 늘 불확실성과 복잡성과 연관되어 있기 때문이다. 가능한 한 정확한 결과 진단을 위해 위험은 단순히 경험에 의한 추측에 의존하지 말고 반드시 수학적 확률로 표시되어야 한다. 여기서 특히 주의할 점은 위험에는 상승작용이 있다는 점이다.

(1) 위험의 상승작용

위험의 상승작용이 있는 경우는 신 개발품의 경우이다. 그리고 상승효과의 요인으로는 구매의 급증, 미지의 새 효과의 존재, 고속도의 급진적 변화, 미지의 위험성, 위험의 급증대 등이 있으며 이로 인하여 여러 가지 사회적·정치적, 문화적 문제들이 발생하고 확산된다. 또한 상승관계는 현재 상황에서의 위험성, 급변화 과정상의 위험성, 변화 후 상황에서의 위험성의 세 가지 경향이 있다.

위험의 상승작용에 대한 가장 분별력 있는 접근법은 속도 조절법(go-slow approach)이다. 위험의 상승작용은 대비책이 마련될 수 없을 정도의 빠른 변화의 속도에 기인함으로 대단히 위험하다. 따라서 변화의 속도 완화(속도 완화법) 및 속도의 조절(속도 조절법)이 가장 적절한 상승적 위험에 대비하기 위한 접근법이 될 것이다.

(2) 위험의 최소화와 이의 경제성(위험의 최소화와 안전설계를 위한 비용)

위험을 최소화하는 설계에는 많은 비용이 든다. 안전 제품의 생산과 이를 전혀 고려하지 않은 제품과의 비용 차이를 생각해 보기 위해 포드의 소형차 Pinto의 경우를 이용하는 것이 좋을 것이다. Pinto는 가벼운 가스탱크를 장착함으로써 차량 생산비를 절감할 수 있었고 구매 가격의 저렴함을 가능하게 했으며 이에 따른 판매 상승을 달성하였다. 그러나 사고 후 설계의 개조, 소송비용의 부담, 피해자들에 대한 위자료의 지불 등 엄청난 손실을 가져왔다. 따라서 이러한 사례를 바라보는 데는 단기 안목(short-term viewpoint)과 장기 안목(long-term viewpoint)의 두 가지 관점이 필요하다. 먼저 안전을 소홀히 한 제품을 생산하는 경우 단기적 안목으로는 저비용이 들지만 장기적 안목으로는 여러 가지 부작용들로 인해 고비용을 치르게 될 것이다. 반면에 안전을 최대화한 제품을 생산하는 경우 단기적 안목으로는 비록 고비용이 투입되겠지만 장기적 안목으로는 회사 이미지의 상승 등으로 인해 결국 저비용이 들게 될 것이다. 따라서 윤리적 측면에서 뿐만 아니라 경제적 측면에서도 안전을 최대화한 제품의 생산은 곧 회사의 이익이 될 것이다. 이것은 곧 '윤리성은 최고의 상품가치(윤리 경영)'인 것이다.

5) 위험-이익의 분석

위험-이익의 분석은 설계의 실시 여부, 사업의 진행여부, 설계·기획의 선정이나 설계·기획의 변경 등을 결정하는데 필수적인 분석이다. Pinto의 사례로 미루어 보아 설계의 결정에는 위험-이익의 분석이 필수적이며 장기적 안목에서의 경제성 분석이 이루어져야 할 것이다. 또한 경제성 분석이 끝나면 경제 윤리적 측면의 분석도 필요한데 이를 위해 '위험-이익의 분석'이 필요하다. 하지만 위험에 드는 비용의 계산은 대단히 어려운 작업이다. 여기에는 과학적 연구가 필요하며 이러한 연구는 과학자의 윤리적 의무이기도 하다. 기관의 연구소 내의 과학자들은 바로 이러한 임무를 맡고 있다.

경제정의의 원리상 위험 관련자는 위험부담자와 이익수혜자 그리고 제3의 피해자로 구분될 수 있다. 경제정의의 원리상 위험부담자와 이익수혜자는 동일해야 한다. 즉 제3의 피해자가 없어야 한다. 이는 윤리적으로 보아 가장 기초적인 고려사항이다. 위의 동일성이 이루어지지 않을 경우 환경·인종(지역)적 차별(environmental racism) 문제가 발생한다. 즉 위험이 잠재되어 있는 방사능 폐기물 처리장 건립의 경우 폐기물 수송 도로 주변의 주민들과 폐기물 처리 공장 등의 인근 주민들은 약자에 대한 차별로 인해 제3의 피해자가 될 우려가 있다.

회사 내에서도 부서에 따라 위험부담자와 이익수혜자가 구분된다. 따라서 위험부서의 담당자에 대한 위험수당 지불의 원칙이 따르고 이 원칙은 주민들에게도 적용되어야 한다. 즉 이 경우에 주민들에게도 위험수당이 지불되어야 경제 정의 원칙에 부합할 것이다.

사례연구

구소련 체르노빌(Chernobyl) 원자로 폭발사고

① 사고 개요

1986년 4월26일 새벽 1시 23분, 구소련의 주요 도시 키에프(Kiev, 현재의 우크라이나 광화국의 수도) 북쪽 100킬로미터에 위치한 체르노빌 핵발전소 제4호기에서 폭발과 화재가 발생하였다. 당시 체르노빌에는 1978년부터 1984년까지 100만 kw급 원자로 4기가 건설되었고, 1986년 현재 이 자리에 똑같은 형의 원자로 2기가 추가로 건설되고 있었다. 그런데 그 중 1984년도에 준공된 제4호기에서 사고가 발생했던 것이다. 이번에 사고를 일으킨 원자로는 소련이 독자적으로 개발한 흑연감소 경수 냉각노형으로서 이것은 동구권에도 수출한 바 없는 독특한 형식의 것이었다.

이 사고로 1986년 8월 국제원자력기구(IAEA; International Atomic Energy Agency)에 보고된 소련 대표의 이야기로는 그간의 사망자는 31명이고 입원환자는 200명에 이르며, 방사선 피폭으로 암에 걸려 오랜 시일 후 사망할 것으로 예상되는 사람은 약 5,000명으로 추정된다고 한다. 또한 유럽 각지에서는 체르노빌 사고로 우유 등의 축산물과 채소를 비롯한 농작물의 피해가 280억 $에 이른다고 하였다. 이 사고로 인해 누출된 방사능 물질이 1945년 히로시마와 나가사키에 투하된 원폭의 350배였으며, 사고지역 내의 많은 건물을 비롯해 자연생태계가 심하게 오염되어 발전소로부터 30km 이내에 거주하던 약 13만 5,000여 명이 이주하였고, 이 사건의 초기 사망자는 31명에 불과했지만 소련 당국의 발표에 의하면 방사능 감염으로 인해 사고발생 4년 후에는 사망자가 300명 정도로 늘어났다.

한편 1986년에서 1990년까지의 통계자료에 따르면 체르노빌 발전소의 방사능 영향지역에서 갑상선 질환, 암, 백혈병 등의 발생률이 50% 이상 증가하였으며 유산, 사산, 유전적 기형아 발생률도 크게 증가하였다. 1995년 발표된 유엔 보고서에 따르면 체르노빌 사태로 인해 러시아, 우크라이나, 벨로루시 등 3개국에서

900만 명의 주민들이 직, 간접적으로 피해를 당했으며 최소한 80만 명이 피폭 우려자로 분류됐다. 특히 독일 남부, 그리스, 스칸디나비아 국가와 영국이 가장 큰 피해를 입었다. 이 때 누출된 방사능물질은 기상현상에 따라 계속 이동함으로써 인근 국가의 채소, 과일, 낙농제품 등에서 검출되고 있으며 이는 지구상에 계속 잔류하게 될 것이므로 장래에 수천 내지 수백만 명의 백혈병 및 암 환자가 발생할 것으로 전문가들은 경고하고 있다.

② 사고 원인

1986년 4월 25~26일 체르노빌 기술자들은 원자로를 4차례 시험 가동하는 과정에서 안전절차를 위반했다. 운전자들은 예정된 원자로 실험과 터빈의 rundown 실험을 위해 원자력 출력을 20만 kw로 낮추려 하였으나 운전 잘못으로 인해 7만 kw까지 내려가고 말았다. 당황한 그들은 그래서 20만 kw로 다시 끌어올리려 했으나 시간이 오래 걸릴 것 같아 자동제어 대신 수동으로 작동키로 하였다. 이때 또 하나의 장해물은 중성자 증가를 억제하는 30여 개의 제어봉이었는데 이 제어봉이 노심 안에 꽂혀 있어 출력을 빨리 올릴 수 없었으므로 7-8개만 남겨 놓고 제어봉을 모두 뽑아버렸다. 물론 이것은 규정 위반이었지만 그들은 빠르고 손쉬운 방법을 택했던 것이다. 이런 위험한 상태에서 실험을 강행한 결과 이번엔 비상안전계통(공학적 안전설비)이 자꾸 작동하여 노심 안으로 찬물이 주입되어 장기간에 걸친 동일조건 하에서의 실험치를 얻을 수 없게 되자 이번엔 비상안전계통마저도 끊어버렸다. 그러자 실험 도중 출력이 급격히 증가하여 원자로의 폭주와 화학적인 연소폭발에 이르게 되었다.

그리고 마침내 4월 26일 오전 1시 23분 노심의 연쇄폭발은 통제 불가능한 상태가 되었다. 몇 번의 폭발과 이에 따른 거대한 불덩이로 인해 원자로에 있던 강력한 철강·콘크리트 뚜껑이 날아갔다. 이와 아울러 흑연 원자로 노심에서 발생한 연이은 화재 때문에 대량의 방사선 물질이 대기로 퍼져나갔고 이 물질들은 공기 흐름에 의해 상당히 먼 곳까지 날아갔다. 원자로 건물의 화재는 몇 시간 후 진화되었지만 그해 7월 말까지 29명이 사망하고 원자로 주변 30 km 이내에 사는 주민 9만 2000명은 모두 강제 이주되었다. 그 뒤에도 6년간 발전소 해체작업에 동원된 노동자 5,722명과 이 지역에서 소개된 민간인 2,510명이 사망하였고 43만 명이 암, 기형아 출산 등 각종 후유증을 앓고 있다.

2 | 사고

사고(accident)는 재해를 일으키는 사건으로서 이와 관련한 대책으로 (1) 사고방지책(안전대책)과 (2) 사고대비책(사고 발생 후의 대책)으로 그 개념을 구분할 필요가 있다. 엔지니어의 사회에 대한 의무들 중 하나는 안전 즉 사고 방지이며 따라서 이들에게는 사고방지 대책의 설계가 요청된다. 이런 점에서 본다면 엔지니어 출신들이 경영진에 참여하는 것은 필수적이다. 왜냐하면 기술적 설계 및 감독은 물론 운영체제의 정비, 관리, 감독, 기술적 운영지침의 성안 및 교육 등 엔지니어들이 참여하는 경영의 영역은 광범위하기 때문이다. 그리고 이 모든 영역에는 사고의 가능성 즉 위험이 상존해 있다.

사고는 다음의 유형들로 나눌 수 있다. 사고는 재해를 일으키는 사건으로서 재해는 일반적으로 두 가지 즉 천재와 인재로 구분된다. 인재는 인간의 실수에 기인한 재해로서 여기서 언급되고 있는 사고는 이러한 인간의 실수에 의한 사고를 의미한다. 랑게비쉐(Langewiesche)에 따르면 이러한 사고는 절차적 사고(procedural accident)와 공학적 사고(engineered accident) 그리고 체계적 사고(systemic accident) 세 가지 유형으로 나누어 생각해 볼 수 있다.

1) 절차적 사고

사업의 진행은 여러 가지 절차들로 이루어진다. 이 절차들 중 한 절차의 집행자나 혹은 집행자들의 실수에 기인하는 사고를 절차적 사고라 한다. 이 사고는 진행 과정 중의 한 과정에 실수가 있어 전 과정이 마비되는 결과를 가져오는 것으로 절차 자체의 잘못에 기인한 것은 아니다. 장비의 가동 전의 적절치 못한 검사, 설계자가 마련한 규칙의 위반, 실천 상 용납될 수 없는 운행방법, 잘못된 운전 등에 의한 사고가 이에 해당한다.

그러므로 절차적 사고를 예방하기 위한 방지책들로서는 집행자들에 대한 훈련 증폭, 감독의 철저, 새 법률 혹은 규정의 제정, 장비나 장치들에 대한 정밀 검사 등이 있다.

2) 공학적 사고

사업은 여러 가지 장치들의 사용으로 이루어진다. 공학적 사고는 설계 및 생산 과정상의 실수로 인하여 장치들이 오작동을 일으켜 유발하는 사고를 칭한다. 그러므로 이 사고는 설계 엔지니어들의 실수에서 기인하는 것이다. 만일 장치들이 기대되는 바대로 작동하지 않거나 고려되어야 할 조건과 환경 중에서 어떤 경우 올바르게 작동하지 않을 경우 큰 사고를 불러일으킬 수 있다.

공학적 사고를 예방하기 위한 방지책으로는 공학적 실수는 사실 설계 단계에서 일어나는 것이므로 설계 과정 중 테스트 과정을 철저히 수행하는 것이 최선의 방지책이다. 하지만 테스트를 위한 모든 가능한 과정들을 테스트 여건으로 삼을 수 없다는 데에 문제점이 있다. 따라서 이전의 유사한 실재적 운행 경험을 대폭 참조해야 할 것이다.

3) 체계적 사고

체계적 사고는 대단히 난해하고 조정이 어려운 사고로서 사업의 운영체계 자체의 결함에서 기인하는 사고를 칭한다. 여기서 체계란 사업의 운영 구조를 의미하고 많은 사업은 대단히 복잡한 고도의 과학기술들과 그들을 작동시키는 복잡한 기구나 조직들로 이루어진다. 그런데 조직 중의 한 부서가 일시적으로 작동되지 않을 경우 전 체계가 마비될 수 있다. 그러므로 체계적 사고에서는 부서들의 체계적 분류, 배치, 그에 따른 인력의 적절한 배치, 원활한 연락망의 구축, 사무의 합리화 등이 문제된다.

현대의 항공 산업이 체계적 사고에 대한 가장 적절한 예가 될 것이다. 항공 산업에서는 수하물 취급인, 기술자, 승무원, 비행기 조종사, 행정사무원,

감독-감시원, 항공 조정자 등 어떠한 부서나 작업장에서도 실수가 일어날 수 있다. 체계적 사고를 일으키는 실수의 특징은 조그마한 실수 자체는 별로 중요하지 않지만 잦은 실수 혹은 실수의 연발이 대형 사고를 불러일으킨다는 점이다. 항공 산업 이외에도 복잡한 운영체계를 가진 기구는 오늘날 대단히 많다. 현대적 국방체계, 핵무기, 복잡한 탐색 및 정보교환 체계, 원자력 발전소 등과 같은 복잡하게 설계된 체제는 체계적 사고를 일으킬 소지가 많다.

체계적 사고의 문제점은 그 사고의 원인이 되는 실수들이 각각 그 자체로 보아서는 별로 중요치 않은 것들이고 많은 경우 엔지니어들의 책임이 없어 보인다는 점이다. 그러나 복잡한 체계 속의 사소한 일들의 연발은 전 체계를 마비시켜 대형사고로 유도한다.

체계적 사고를 방지하기 위해서는 체계의 원활한 운영을 위해 체계 내 각 분야별로 상세하고 평이한 운영 지침서가 작성되고, 기구의 경우 작동방법, 철저한 관리 방법 등이 연구되어야 한다.

제5장
고발의 윤리성

사례연구

어네스트 피츠제럴드와 C-5A

내부고발의 가장 대표적인 사례는 1968년 11월 13일에 발생한 피츠제럴드(Ernest Fitzgerald)와 C-5A 사건이다. 그날 피츠제럴드는 C-5A와 관련한 상원의원 윌리엄 프록스마이어(William Proxmire)의 정부경제소위원회에 증언하기 위해 소환된 여러 증인들 중 한 명이었다. C-5A는 록히드항공사가 제작한 공군용 대형 화물비행기였다. 전직 산업 엔지니어와 경영컨설턴트였던 피츠제럴드는 그 당시에는 공군 차관의 지휘 하에 있던 경영시스템의 부책임자였다. 그는 자신의 상관에게 C-5A 프로젝트에 지난 2년 동안 과도한 금액이 지출되었으며 1968년 무렵에는 그 비용이 20억 달러에 이를 정도로 과지출 되었음을 보고하였다. 그는 다른 프로젝트들의 유사한 과지출에 대해서도 강하게 주장했으며 이로 인해 그의 상관들과 친밀하게 지내지 못했다고 주장했다. 그의 상관들은 그에게 프록스마이어의 위원회 앞에서 C-5A의 규모에 관해 말하지 말라고 압력을 넣었다. 하지만 그는 그날 프록스마이어의 추산액수에 관해 확인해 달라는 요청을 받았을 때 진실을 말하였다.

그렇게 진실을 진술한 것은 그 자신과 그의 아내, 세 명의 자녀들을 끔찍한 악몽으로 몰아넣고 말았다. 그는 즉시 자신의 업무를 빼앗겼고 태국에 있는 볼링장의 비용과 지출을 조사하는 일과 같은 사소한 프로젝트를 할당받았다. 그는 동료들에게서 따돌림을 당했다. 12일 후에 그는 자신의 보장된 종신 행정사무관직이 컴퓨터상의 오류였다고 통보를 받았다. 그리고 4개월 내에 관료제도가 재편되어 자신의 업무가 사라지게 됨을 알았다. 그가 부당하게 해고를 당했고 공군 측이 그를 다시 재고용하라는 연방법원의 판결까지는 4년이 걸렸다. 대략 90만 달러의 비용을 포함해서 오랜 세월의 더 많은 소송 후에 그는 1981년에 자신의 이전의 직위에 복직할 수 있었다.

1 고발의 개념

최근 30여 년 동안 정부나 개인, 산업체 할 것 없이 모두 내부고발에 대한 관심이 고조되고 있다. 내부고발이란 고용자나 사용자가 상위 지도자의 비윤리적 혹은 불법적 행위(비행)를 공공인에게 혹은 고위 경영자에게 알리는 피고용인의 행위를 말한다. 특히 요즈음은 이러한 내부고발의 수단으로 인터넷이 많이 사용되고 있다. 회사 혹은 정부 기관의 종사자들은 종종 고용주나 상관의 비리 혹은 재정상의 낭비와 사기 행위를 정보 매체를 통해 폭로한다. 여기서 우리는 이러한 고발의 윤리성은 어떠하며 윤리적 고발이 되기 위한 조건으로서 고발의 적절한 시기는 언제이고 고발과 같은 과격한 행위에 대하여 법인과 행정 기관들은 어떻게 대처하여야 하는가 등의 문제들을 검토해볼 것이다.

내부고발은 공학인들뿐만 아니라 전문직 종사자들의 권리와 책임으로 간주된다. 직업 엔지니어 협회들의 윤리헌장에 의하면 엔지니어들은 공공인의 건강과 안전을 보호해야할 의무를 지니고 있다. 그러므로 이 가치들(건강과 안전)을 침해하거나 손상시키는 행위 혹은 프로젝트에 대해서 고발할 것을 강하게 요구한다. 즉 엔지니어들이 기관 내에서 업무상 인지한 비행을 폭로하는 것은 그들의 직업적 권리인 것이다. 그들은 기관 내에서 적절한 행동이 취해지고 있는지를 알 수 있기를 바라며 이런 의미에서 비행을 알면서도 고발하지 않는 것은 오히려 무책임한 일이다.

2 | 고발의 유형

고발은 그 형식상 내부고발과 외부고발, 익명고발과 실명고발의 네 가지 유형으로 구분할 수 있다.

1) 내부 고발

내부 고발은 자신의 바로 위 직속상관 보다 더 높은 경영자에게 문제점을 보고할 때 혹은 아무도 거치지 않고 직접 회사의 사장에게 혹은 이사회에 보고할 때의 고발의 형태이다.

2) 외부 고발

외부 고발은 피고용인이 회사의 외부인 언론매체나 법 집행 당국에 비행을 보고할 때의 고발의 유형이다.

이 두 가지 유형의 고발들은 어느 것이든지 다 같이 회사에 대한 불충성으로 인식될지 모른다. 그러나 대개 회사 내부에서의 고발은 회사 외부로 가는 것 보다는 덜 심각하다고 간주되기도 한다. 한편 이 두 가지 이외에 다음과 같은 고발의 유형들이 더 있다

3) 익명 고발

이것은 익명의 메모를 이용하여 상위 지도자에게 직접 고소하거나 혹은 경찰에 익명 전화로 신고할 수도 있고 혹은 각종 언론매체들에 가서 신고자의 이름과 비행의 진술 소스 등을 거부하거나 사용하지 않겠다는 약속아래 신고하는 고발의 유형이다.

4) 실명 고발

이것은 신고자가 고소의 진술서에 자기의 이름을 서명하고 고소에 따른 정밀 조사에 기꺼이 응하려 할 때의 고발 유형이다.

3 고발 사태의 기업적 특성 : 불충실 행위

고발 사태는 법인이나 회사의 관점에서는 대단히 나쁜 일일 수 있다. 왜냐하면 피고용인들 간의 불신과 불화를 조장하고 협동심을 해칠 수 있기 때문이다. 이런 상황은 스포츠에 비유할 수 있다. 즉 만일 게임 중에 심판이 인지하지 못하는 사이에 어느 한 선수에 의해서 반칙 행위가 저질러졌는데 이를 그 선수가 속한 팀의 다른 선수가 심판에게 이러한 반칙 행위를 알린다고 가정하자. 이런 유형의 고발 사태가 벌어진다면 이는 범칙이기 때문에 경기가 중단된다. 이런 경우 경기를 중단하게 하고 우리 팀에 벌점을 주게 한 자는 심판이 아니라 오히려 우리 자신의 팀메이트 중 한 사람일 것이다. 스포츠에 있어서 이런 고발은 신사적인 행동이라 하더라도 팀 전체의 측면에서는 극단적인 불충실 행위로 보인다. 마찬가지로 기업에서도 고발은 회사와 동료에게 극단적 불충실 행위로 인식될 수 있다. 그렇다면 고발의 이러한 부정적 측면을 상쇄하기 위해서는 어떤 경우의 고발이 윤리적일 수 있는지가 검토되어야 할 것이다.

4 고발의 윤리성

고발의 윤리성은 윤리적 고발의 조건, 고발의 권리와 의무 등을 밝히는 것이다. 직업적 생활을 하는 동안에 우리는 가끔 업무와 관련한 비행 사례를 접하게 된다. 이 때 언제 고발하는 것이 윤리적으로 정당화 될 수 있는가를 검토하여야 할 것이다. 이에 대한 답변은 1) 고발의 권리는 언제이며, 2) 고발의 의무는 언제인가로 대답되어져야 한다.

1) 고발의 권리 : 고발권의 네 가지 필요조건

고발은 다음의 네 가지 조건이 구비되었을 경우에는 이루어져도 좋다.

① 고발 내용이 가장 긴급하고 중요한 것일 때(긴급성)
② 고발자가 고발 내용을 가장 가까이서 가장 잘 알고 평가할 수 있는 것일 때(근접성)
③ 고발자가 고발을 통해 비행을 중지시키는 데 성공할 수 있다는 가망성을 확보하고 있을 때(가망성)
④ 고발 이외의 호소할 다른 방법이 없을 때(최후성)

(1) 긴급성

고발의 내용은 고발할 가치가 있는 것이어야 한다. 가장 긴급하고 중요한 일이 이에 해당한다. 고발에 의해 피할 수 있는 명백하고 심각한 손실이 현존할 때 고발의 방법이 고려될 수 있다. 공개적으로 할 것인지의 결정에 있어 피고용인은 균형감각을 가질 필요가 있다.

하지만 매사를 고발에 의존하여서는 안 될 것이다. 고발의 내용은 중요한 것이어야 한다. 만일 현행 중의 사소한 일들이라 하더라도 그 일들이 반복되는 경우에는 고발이 요구되는 중요한 사안으로 간주 될 수 있다. 예컨대 만약 회사의 잦은 사고로 소량의 독성 화학물질이 인근 수로에 유실될 수 있다. 유실 후 바로 정수되는 정도라 하면 아마 외부의 당국에 신고할 가치가 없다고 할 수 있을지 모른다. 그러나 이러한 유형의 사건이 반복적으로 일어나고 고발 이외 어떤 행위도 문제를 바로 잡을 수 없게 되면 아마 이런 상황은 고발의 극대치를 정당화하기에 충분하다.

(2) 근접성

고발자는 문제를 신고할 분명한 입장에 서 있어야 한다. 즉 가장 가까이서 가장 잘 알고 평가할 수 있는 것이 고발의 내용이어야 한다. 고발 내용으로서 소문은 부적절하며 직접 얻은 정보가 비행에 관한 한 가장 중요한 요소이다. 이것은 고발자는 해당 분야에서 실제적 평가를 하는데 충분한 전문적 지식을 가진 자이어야 한다는 것을 의미한다.

몇몇 윤리헌장의 구절에는 엔지니어는 자기의 전문 지식 외적 분야의 일을 맡지 말라는 구절이 있다. 이 원리는 비행이 일어났는지의 여부를 판단하는 데에도 역시 적용된다.

(3) 가망성

고발자는 고발을 통해 비행을 중지시키는 데 성공할 수 있다는 가망성을 확보하여야 한다. 만일 사건을 전체적으로 꿰뚫어 볼 수 없다든지 혹은 상황이 해결된다는 보장을 하기 위해 적절한 방침들이 없다고 느낄 경우 당신의 경력과 가정의 경제적 안정을 희생하면서까지 실행한다는 것은 온당치 못할 수 있다.

(4) 최후성

고발 이외의 호소할 다른 방법이 없을 경우에 고발이 이루어져야 한다. 즉 고발은 다음의 경우에만 시도되어야 한다. 즉 고발자가 자신 외에 아무도 고발할 만한 사람이 없고 고발 이외의 어떠한 다른 방법도 모두 차단되어 있다고 확신할 때 간단히 말하여 고발자가 고발의 유일한 책임자가 되는 경우에 고발이 이루어져야 한다.

2) 고발의 권리와 고발의 의무

위의 네 가지 조건들이 충족될 경우 고발은 도덕적으로 용인될 수 있다. 그러나 언제 고발하는 것이 엔지니어에게 도덕적인 의무인가? 만약 당신이 어떠한 비행을 인식하고 위의 네 조건들을 충족시키는 상황에 있다고 가정해보자. 만약 당신이 이 사태(비행)가 충분히 중요하고 심각하다고 느낀다면 당신은 고발의 권리가 있다. 반면에 만약 극심하고 커다란 손실의 위험이 있는 활동이 계속되고 있을 때 이 경우 당신은 고발의 의무가 있다. 고발 의무의 이행 조건으로서 중요한 것은 고발이 실행되기 전에 고발자는 덕·윤리상의 많은 자성(introspection)과 반성(reflection)을 필요로 한다는 점이다(고발자의 도덕성). 즉 고발자는 고발 의무의 이행 이전에 자신의 고발 동기를 순수하게 할 필요가 있다. 왜냐하면 그렇지 않다면 고발 자체는 허락되더라도 고발자의 품성은 비윤리적이 될 수 있기 때문이다. 이를 위해 다음의 사항에 주의할 필요가 있다. (1) 공익을 보호하기 위하여 고발하는 것은 용납되지만 상관 혹은 회사에게 복수하기 위한 의도에서의 고발은 덕·윤리상 용납되지 않는다. (2) 자기 개인의 인기와 고발에 따른 반사이득을 노리는 것은 덕·윤리상 용납되지 않는다.

5 | 고발의 예방

사용자의 입장에서는 회사의 비행에 관한 정보가 외부에 공개되면 회사의 이미지 손상은 물론이고 회사의 장래에 부정적인 영향을 미칠 것이다. 그러므로 사용자는 기관 내에서 피고용인이 고발할 소지가 있는 일들을 최소화하여야 할 것이다. 그렇다면 문제는 고용자는 이러한 유형의 손실을 어떻게 불식시킬 수 있을까 하는 점이다.

이에 대해 대답하기 전에 반드시 전제해야 할 사실은 업체나 정부 기관 내에서 모든 비행을 완전히 제거하는 것은 불가능하다는 점이다. 강한 윤리

문화를 가진 조직체라도 종종 종사자들이 비행의 유혹에 빠질 수 있다. 그러므로 회사들은 불미스런 고발 사태를 방지할 수 있는 방법을 최대한 강구하여야 할 것이다. 고발을 방지하기 위하여 많은 회사나 기관에서 사용하는 대표적인 방법은 고발자를 해고하고 이를 통하여 잠정적인 고발자를 위협하는 일이다. 하지만 이 방법은 고발을 하지 못하게 할 수는 있어도 회사의 비행이 해고된 자에 의해 공개되는 나쁜 결과를 초래할 수 있다.

그러므로 고발에 대한 이러한 유형의 접근은 비효과적일 것이다. 그리고 이것은 윤리적으로도 용납되지 않는다. 왜냐하면 윤리적으로 문제시되는 활동들을 중지시키려고 하는 노력은 그 자체로 비윤리적인 것이기 때문에 이에 관해서는 누구든 나쁜 감정으로 대처하여서는 안 될 것이다. 그러면 어떻게 하면 비행을 조기에 발견하고 과격한 고발을 예방할 수 있을지가 문제된다. 이를 위해 다음의 네 가지 방법이 강구되어야 할 것이다.

1) 강력한 윤리 문화의 수립

법인체나 회사 그리고 정부 기관 내에는 강력한 윤리 문화(a strong corporate ethics culture)가 수립되어야 한다. 이에는 최상위층 경영자를 비롯한 모든 사원들의 윤리적 행위에 대한 분명한 서약과 모든 피고용인에게 적용될 수 있는 윤리적 훈련 프로그램이 포함되어야 한다. 모든 경영자들은 피고용자에 대하여 윤리적 행동을 취할 의지와 기질을 갖추지 않으면 안 된다.

2) 투명한 의사소통 라인의 개방

회사는 의사소통을 위한 투명한 통로들을 개방해야 한다. 그리하여 결정되어야 할 어떤 일이 있다고 느끼는 피고용인은 누구나 손쉽게 자기의 관련 용무에 대한 의견을 발표할 수 있도록 해야 한다.

3) 고위직과의 접근에 대한 무보복의 보장

모든 피고용인들은 그들의 관련용무에 대한 의견을 제의하기 위하여 고위 경영자들과 의미 있는 접근을 할 때는 어떠한 보복도 없으리라는 것이 보장되어야 한다.

4) 경영자 측의 실수에 대한 공개적 인정 및 사과와 개선 의지의 확립

필요하다면 실수를 공개적으로 인정하는 경영자 측의 호의가 있어야 한다. 이러한 경영자 측의 태도는 모든 피고용인에게 윤리적 행동의 장을 마련할 것이다.

ENGINEERING ETHICS

제6장 연구와 실험에서의 윤리

사례연구 Texas A&M 대학교의 냉 핵융합(cold fusion) 연구보고

1989년 봄 과학계에 한 충격적인 발표가 있었다. 발표의 요지는 다음과 같다. Utah대학에 있는 두 연구자가 한 조그마한 전기역학적 셀(cell) 내에서 핵융합(nuclear fusion)을 일으키는 방법을 발견 했다는 것이다. 그런데 만일 이것이 사실이라면 이 발견은 에너지 생산에 대혁명을 일으켜 아마 모든 가정마다 소규모 발전소를 설치할 수 있게 될 정도가 될 것이다.

핵융합 반응을 일으키기 위한 전통적인 접근방법은 가스들을 극도의 높은 온도로 가열하거나 혹은 특수하게 장치된 목표물에 활성 광속(energetic beam)을 폭사하여 핵반응을 일으키게 하는 방법이다. 이 방법들은 거대한 고비용의 장치를 필요로 하는데 핵반응이 생산하는 에너지보다 더 많은 에너지를 필요로 한다. 반대로 '냉 융합(cold fusion)' 이라고 불리어지는 새 공정은 간단하고 비용이 저렴하며 풍부한 에너지를 생산하는 것 같았다. 만약 이것이 검증된다면 이 기술혁신은 핵반응에 관한 전통적인 견해를 전복시킬 것이다.

이 발표 이후 세계 도처의 실험실 및 대학의 과학자들과 엔지니어들은 이 실험을 재현해 보려고 하였다. 이 중 한 그룹은 Texas A&M 대학 소속의 과학자들이었다. 이들은 작업 과정 중 몇몇 셀들에서 예상된 대로 핵융합의 부산물인 트리튬(tritium 3중 수소)을 발견했다. 그런데 이것은 Utah에서의 실험들에서는 없었던 일이었다. 트리튬의 검출은 핵융합이 실제로 셀들 안에 일어난다는 이론에 신뢰를 주는 것이었다. 그런데 이상한 것은 Texas A&M 대학의 표본들 중 몇 개의 셀만이 트리튬을 포함하고 있었다는 사실이다. Utah 실험들에서는 트리튬이 없었는데 Texas A&M에서는 트리튬이 산발적으로 검출되었기 때문에 당시 과학자들은 연구 결과를 발표하는 것은 상당히 조심스러운 일이라고 생각하였다고 한다. 그럼에도 불구하고 발견의 흥분에 사로잡힌 나머지 경솔하게도 그들은 재빨리 여러 학회와 과학 문헌들에 그들의 실험 결과들을 보고하였다. 그리하여 과학계에서는 부실 연구, 심지어는 사기기만이라는 소문과 불평들이 돌기 시작하였다. 이로 인하여 결국 이 실험에 참여했던 참여 연구원들, 학생들, 학부 그리고 대학교의 명성에 커다란 상처를 입히게 되었다.

많은 과학자와 엔지니어들은 자신들의 학문적 그리고 직업적 경력을 이끄는 과정 중 연구, 실험, 혹은 새 제품 설계들의 테스트에 관여하게 된다. 그런데 이러한 활동들은 우리가 아직까지 고려하지 않은 여러 가지 새로운 윤리적 쟁점들을 불러일으킨다.

1 과학윤리 : 윤리와 연구

연구와 관련해서 1)연구 문제의 접근에 있어서의 정직성과 2)연구 결과의 발표에 있어서의 정직성이라는 두 가지 주된 윤리적 쟁점들이 있다.

1) 문제 접근에서의 정직성

연구 문제의 접근에 있어서의 정직성은 연구를 성공적으로 수행하는데 필요한 심적 태도와 관련된다. 그 구체적인 내용으로서는 (1) 결과가 어떻게 될 것인가에 대하여 예정 관념을 피할 것, (2) 가설을 바꿀 때에는 그것이 명백히 정당화되어야 하고 이 과정을 투명하게 공개할 것, (3) 객관적 사고방식이 지켜졌는지 언제나 확실히 할 것 등이다.

하지만 앞으로 자세히 보겠지만 이 태도들을 취하는 것이 반드시 쉬운 일은 아니다. 그러나 이 태도들을 견지하는 것은 유용한 연구 혹은 테스트 결과들을 산출하는데 필수적이다.

2) 결과 발표에서의 정직성

연구 결과의 발표에 있어서의 정직성은 연구 결과는 언제나 정확히 발표되어야 한다는 것을 의미한다. 연구나 실험의 결과는 결코 과장되어서는 안된다. 데이터의 정확한 조사서와 해석서가 제시되어야 한다. 하지만 연구자의 작업 환경은 과장된 연구 발표로 보상받고 싶은 유혹을 촉진시킨다. 가령 대학의 연구자는 대학에서 종신 재직권(tenure)이나 재임용 등을 얻기 위해 중요한 연구 결과들을 발표하여야 한다. 그러므로 한 연구가 완료되지 못하면 바라는 성과를 얻기 위하여 결과를 조작하고 싶은 유혹에 빠진다. 산업계나 학계에서 종신 재직권을 얻은 사람들도 명성에 대한 탐욕 혹은 새 연구 결과를 발표하여 자신의 분야에서 제일인자가 되고자 하는 열망에 빠질 수 있고 이로 인해 데이터를 조작하기에 이를 수 있다. 뿐만 아니라 새 제품 생산의 압력은 엔지니어들을 제품의 정성분석에 대한 데이터를 날조하는데 이르게 한다.

3) 연구에서의 사기와 기만

여기서 의도적 기만과 단순히 부정확한 결과나 해석 사이의 차이성에 주목하는 것이 중요하다. 가끔 연구 결과들이 발표되고 그 후의 연구에서 보면 부정확한 결과가 될 수 있다. 이 결과에 대한 해명이 있었다면 이러한 상황은 윤리적 쟁점이 되지 않는다. 오히려 이 쟁점은 결과가 처음으로 발표되기 전에 지대한 주의가 필요하다는 것을 환기시킨다.

4) 신뢰

연구 참여자들 모두가 진정한 신뢰를 가질 것을 분명히 하는 것이 중요하다. 실험실에서 단 한 사람의 연구자에 의해 수행되는 연구는 드물다. 연구는 대체로 팀 단위로 이루어지는 경우가 대부분이며 문제의 토론 혹은 지도, 실험 도구들의 구성과 조직, 실험의 실행, 실험 자료나 결과의 해석 등과 같은 일에 기여하는 사람들을 필요로 한다.

흔히 과학적 연구에서는 사기와 기만이 드물고 만일 있다고 하더라도 낮은 수준의 과학자들에 의해 범해진다고 보통 생각하기 쉽다. 그러나 이러한 인식은 분명히 잘못된 것이다. 이에 관한 많은 실례들이 알려져 있다. 심지어 노벨상을 수상한 과학자들 중에서도 자신들의 연구결과에 관하여 윤리적 판단을 잘못한 사람들이 있다. 예를 들어 로버트 밀리칸(Robert Millikan)은 시카고 대학의 교수이며 1923년에 전자의 전기적 전하를 측정하는 실험들로 노벨 물리학상을 수상했다. 그런데 밀리칸의 비공개 자료들을 조사해 보면 그가 발표한 논문에는 140개의 실험적 관찰들 중에서 49개가 배제되어 있었다. 그럼에도 불구하고 그의 논문에서는 모든 데이터들이 포함되었다고 주장했다. 이 데이터들의 추가는 그의 결론을 바뀌게 하지는 않을 지도 모르지만 오히려 결과를 더 확실하게 하고 실험을 더 분명하게 했을지도 모른다.

5) 연구에 있어서의 윤리적 문제들의 분석

연구에 관련된 윤리적 쟁점들을 분석하는 최선의 방법은 무엇인가? 가장 쉬운 방법은 연구와 실험을 수행함에 있어 최선의 윤리적 과정을 정하기 위해 공학전문 윤리헌장들을 참조하는 일이다. 모든 윤리헌장들이 엔지니어에게 요구하는 사항은 연구 작업의 결과를 보고하거나 발표하는데 있어 정직할 것과 한 일에 신뢰를 줄 것을 포함하고 있다.

예를 들어 미국화공학인협회(the American Institute of Chemical Engineers)는 "협회 회원들은 …모든 동료들과 협력자를 공정하게 대하고, 다른 사람들의 기여를 인정하여야 한다." 그리고 "오로지 객관적이고 진실한 태도로 주장들을 발행하고 정보들을 발표하여야 한다"고 규정해 놓고 있다. 이런 규정들은 공학인의 연구와 실험, 그리고 테스트를 포함하는 전문적 활동들에도 마찬가지로 적용된다.

2 병적 과학

언급한 바와 같이 자기기만은 연구 혹은 실험 및 프로젝트의 성공에 가장 큰 장애가 된다. 연구에서의 자기기만은 자주 일어나는 일이며 과학의 영역에서도 역사적으로 유명한 사례들이 많다. 1932년 노벨상을 수상한 General Electric Research Laboratories의 물리학자인 어빙 랭뮈어(Irving Langmuir)는 과학계의 자기기만 현상들을 병적 과학(pathological science)이라는 신조어로 불렀다. 그는 죽기 몇 년 전에 그의 연구소에서 병적과학에 대한 강연을 했는데 블론드로의 N-선(http://skepdic.com/blondlot.html 참조)과 같은 연구들을 병적 과학의 대표적인 예로 들면서 다음과 같이 언급하였다. "이러한 연구는 불성실하게 행한 것은 아니지만 잘못된 결과로 인해 자기 자신이 기만당한 것이다. 이러한 일은 인간이 얼마만큼 주관적인 명성, 소망적 사고 혹은 한계상황에 영향을 받기 쉽고, 그로 인해 갈 길을 잃어버리기 때문에 일어난다. 이들은 모두 병적과학의 예들이다. 이들은 상당한 관심을 끌었고, 이 주제에 대해서 보통 수백 개의 논문들이 발표되었다. 하지만 이들은 15년에서 20년 계속되다가 점차 사라진다". 그의 지적에 의하면 병적과학의 특징(증상)은 다음의 6가지 사고방식에 있다.

1) 관측 결과의 다른 원인

관측되는 최고의 결과(효과)는 거의 관측될 수 없을 정도(강도)의 어떤 발생 동인에 의해 일어난 것이며 그 결과의 크기는 대체로 그 원인의 강도와 무관하다. 즉 관측 되는 최고의 결과는 발생 원인이 거의 관측되지 않은 상태의 강도이다. 이러한 것은 원인이 되는 동인이 얼마나 가까운가, 얼마나 강한가와는 무관하게 결과(효과)는 동일하게 나타난다는 것을 뜻한다. 실제로 이것은 물론 모든 알려진 힘과 효과들을 대조하면 맞지 않다.

2) 관측가능성의 한계로 인한 관측 결과

결과는 관측가능성의 한계점 가까이에 있기 때문에 기인한 것이거나 아니면 연구 결과들이 대단히 낮은 통계적 의미 때문에 다른 많은 측정들이 필요하다. 여기서 문제되는 상황은 다음의 경향이다. 연구대상들(측정대상 혹은 확증 데이터 등)이 통계적 의미의 한계점 혹은 관찰가능성의 한계점에 있을 때 옳다고 '보이지' 않는 가치들을 폐기하는 경향이다. 관찰가능성의 한계점에 있는 것을 측정하는 데에는 많은 데이터가 필요하다. 그리하여 일하는데 필요한 데이터들만을 가지고 측정결과들을 예상 결론에 맞게 조작·수정하는 일이 발생한다. 이렇게 되면 많은 데이터들이 이들의 참된 유의미성에 근거하기보다 오히려 예상 이론에 맞추어 거부된다.

3) 대 정확성의 주장들

연구자들은 언제나 자신들의 연구가 대단히 정확하다고 주장한다.

4) 실험에 반대되는 환상적 이론

실험에 비교해서 이론이 지나치게 훌륭하다거나 환상적이라고 주장한다.

5) 비판에 대한 미봉 변명

비판들에 대해서는 기분 나는 데로 적당히 생각해낸 미봉 변명으로 대처한다.

6) 비판의 어려움

비판의 지지자의 비율이 약 50% 가까이 상승할지 모르지만 그 후 점차 사라진다. 비판하는 측은 연구결과를 재현하기 어렵기 때문에 계속 문제 삼기 어렵다.

병적 과학이란 말은 의도적 부정직성을 의미한다기보다 연구자들이 탐욕적 주관적 사고 때문에 착각에 빠지기 쉽다는 것이고 이에 대한 인식의 부족으로 연구자들이 잘못된 결론에 도달한다는 것을 의미한다. 이것은 지대한 객관성과 주의가 연구나 테스트의 수행에 요구 된다는 것을 시사한다. 특히 포착하기 어려운 작용들에 관하여 결론을 이끌어 내는 것은 착각의 우려가 높으며 이러한 결론들은 가능한 한 많은 동료들에 의해 검토될 수 있어야 한다. 궁극적으로 연구의 목표는 대중성과 명성이 아니라 새 지식의 발견이 되어야 한다.

3 | 표절의 문제

연구에서의 표절(plagiarism)은 인문과학, 사회과학, 자연과학, 공학, 의학 등 거의 모든 학문 분과들에서 일어나며 연구 비리 중 가장 많은 부분을 차지한다. 표절이란 다른 사람의 언어, 데이터, 아이디어를 발표하면서 그 발표 매체에 적합한 형태로 그것이 그 사람에게 귀속됨을 나타내지 않고 마치 자기 자신의 것인 양 발표하는 행위이다. 즉 표절은 타인의 생각, 공정, 성과 혹은 문장들을 적절한 인용표시 없이 전유하는(appropriation) 행위이다. 여기에는 타인의 연구 계획안과 원고를 사무상의 비밀 열람을 통해서 얻은 것들도 포함된다.

1) 개념상의 쟁점 : 표절의 애매성(모방과 표절의 구분기준의 애매성)

위의 정의는 이전의 정의에 나타난 아래의 애매한 구절을 없애고 다시 작성한 것이다. 이전의 정의에서 표절은 "독자를 기만하려는 의도"를 가진 행위, "일반관례를 벗어난 심각한 탈선" 행위 등으로 정의하였으나, 여기서 '의도'는 증명하기가 어려운 것이고 '일반관례'의 객관적 기준은 정해져 있지 않았기 때문에 애매성의 요인이 되었다. 하지만 표절은 어떤 개인의 생각 혹은 지적 업적에 대한 절도를 의미하며 문장의 복제 그 자체는 가능한 표절의 한 증거이다.

각 학문적 분야의 규범들이 표절을 정하는 기준이 되는데 분야마다 차이가 있다. 예컨대 인용의 경우 인용부호를 요구하는 부문도 있고 꼭 그렇지 않은 경우도 있다.

2) 일반 지식과 표절

어떤 학문 분야 내에서 일반적으로 공인되고 있는 일반 지식(common knowledge)에 대한 인용과 참조는 불필요하다. 예를 들어 자연선택의 개념을 설명하면서 다윈의 저서 『종의 기원』을 인용할 필요는 없다. 일반적으로 대학의 학부 과정 혹은 대학원 일학년 교과과정에 나오는 사실, 개념, 이론 등은 일반 지식으로 간주되고 이 경우에 인용은 불필요하다.

3) 표절과 저작권

표절은 반드시 저작권(copyright)을 침해하지는 않는다. 어떤 저자는 이제는 공동영역이 된 문헌을 인용함으로써 저작권을 침해함이 없이도 표절한다. 어떤 저자는 자기 고유의 직권으로 저작권 보호를 위한 공정한 사용기준 내에서 자료를 인용할 수 있는 경우가 있지만 이 경우 기준을 초과한 양의 인용은 표절은 아니지만 저작권을 침해할 수 있다. 대학교는 일반적으로 교수나 학생들이 쓴 페이퍼나 책과 같은 전통적인 대학 서적들에 대한 저작권을 소유하고 있지 않다. 그리하여 표절에 대한 배상을 청구하기 위하여 저작권법을 사용하는 것은 다음의 두 가지 이유로 효과적이지 않다.

(1) 대학의 간행물은 금전적 가치가 중요한 것이 아니다. 표절의 경우 금전적 손해는 아마 미미할지 모른다.
(2) 법적 행동은 명예훼손에 대한 역소송을 불러일으킬 수 있다. 대부분의 표절 사례들은 정식 법적 소송에 의하지 않고 해결될 수 있다.

제3부

응용윤리

ENGINEERING ETHICS

제1장 공학인과 생명윤리

1 생명윤리와 유전공학

생명의료윤리(Bio-medical Ethics)를 둘러싼 여러 논쟁들은 근래에 와서 대두된 문제가 아니라 고대 희랍시대까지 그 연원을 두고 있다. 2006년 전 히포크라테스(Hippocrates)의 유명한 『선서』(*Oath*)에 "낙태를 시키지 않겠다"는 말이 나오고, 16세기 토마스 모어(Thomas More, 1478-1535)의 『유토피아』(*Utopia*)는 불치병으로 인해 견디기 어려운 고통을 당하는 환자에 대한 '안락사 문제'를 언급하고 있다.

이처럼 오랜 역사를 가진 생명의료윤리는 아직도 해결되지 않은 고전적인 의료윤리 쟁점들에 덧붙여서 지난 30여 년 간의 급격한 과학 기술 및 첨단 의료 기술의 발전으로 인해 이제는 인간의 영역으로 이전된 생명의 연장과 단축, 그 탄생시기와 사망시기의 쟁점들까지 포괄하게 되었다. 게다가 인간의 생명을 둘러싼 엄청난 규모의 산업 등장이 초래할 여러 가지 문제들은 전혀 새로운 윤리적 쟁점들을 제기하게 되고 이에 따라 생명의료윤리에 대한 여러 논의가 이미 진행 중이거나 향후 진행될 것으로 예상되고 있다.

이러한 생명의료윤리는 오늘날 유전공학을 포함한 생명공학기술과도 불가분의 관계를 가진다. 생명공학기술은 인류가 직면하고 있는 최대 난제인 질병의 치료, 환경오염 및 식량·에너지 문제 등을 해결할 수 있는 미래 대비형 기술로서 21세기 글로벌 지식경제시대에 있어서 국가경쟁력과 기업의 성패를 좌우하는 기술이라고 일컬어지고 있다. 그 가운데서도 유전공학은 이제 모르는 사람이 없을 만큼 활발하고 급속한 기술개발로 대중의 관심을 불러일으키고 있다. 실제로 유전공학이 미래에 약속한 바는 대단히 큰 것이고 이 기술들이 가져다주는 잠재적인 이익은 새로운 과학적 사실들의 발견으로 인해 더 커지게 될 것이다. 더 이상 해부용 시체의 뇌하수체에서 극소량밖에 얻을 수 없었던 성장호르몬을 축출하지 않아도 되는 것이다. 그것은 유전공학의 발달로 인하여 이제 그 성장호르몬을 대량생산할 수 있기 때문이다. 또한 유전적 질병으로 인해 활동이 부자유스럽던 사람에게 정상적인 유전자를 넣어줄 수도 있으며 병이 발병하기 훨씬 전에 그 병을 진단하여 생명을 구할 수도 있는 것이다.

이러한 유전공학이란 DNA를 목적에 따라 인위적으로 조작하여 개조시키는 과정으로 한 생물의 유전자를 다른 생물의 유전자에 접합시켜 새로운 유용한 생물을 만들어내는 것을 말한다. 유전공학 시대에 살고 있는 오늘날의 우리들에게는 인간 배아 복제, 유전자 치료, 인간 복제, 인간게놈연구 등과 같은 용어나 유전공학적 결과물들이 크게 낯설지 않다. 하지만 이러한 용어가 우리에게 익숙해 진 것과는 달리 실제 어떠한 연구가 행하여지고 있으며 그러한 연구에 어떠한 윤리적 문제들이 수반되는가에 대해서는 그리 많이 알려져 있지는 않다.

유전공학의 발달은 신약의 개발과 유전자 진단 및 치료법의 개발 등과 같은 의·약학과 관련된 연구 및 산업뿐만 아니라 식량의 증산과 고품질화와 같은 농·축·수산업계의 발전에도 큰 기여를 할 수 있을 것으로 예상된다. 따라서 유전공학은 인간의 삶의 질 향상과 건강 증진에 많은 도움을 줄 수 있을 것으로 기대되고 있다. 하지만 이와 같은 많은 유용성에도 불구하고 유전공학 연구는 여러 가지 윤리적·법적·사회적 우려를 낳고 있다. 즉 유전공학 연구의 결과물은 인류를 멋진 신세계로 인도할 수도 있고 그 반대로 가공할 만한 생물학적·도덕적 해이(moral hazard)의 세계로 인도할 수도 있는 것이다.

이 같은 유전공학시대의 생명의료윤리 문제들은 미세과학기술과 생명에너지 분야의 발전이 곧 의료분야의 발전을 초래함으로써 윤리적 평가가 의학기술의 발전을 따라 가지 못하는 심각한 지체 현상이 일어나고 있다. 즉 의학기술의 급속한 발전은 새로운 기술에 대한 윤리가 정립되기도 전에 다음 기술을 임상에 도입시킴으로써 윤리적 평가를 더욱 어렵게 만들고 있는 것이다.

이에 이번 장에서는 유전공학시대의 발전과 그 유용성 및 문제점을 살펴보고 이 시대에 요청되는 생명의료윤리를 주요 쟁점들의 개념과 현황 그리고 원인과 찬반을 둘러싼 논쟁의 순서로 분석해 보고자 한다. 또 이에 관한 윤리적 문제를 어떻게 접근할 것인지에 대해 고찰하고 문제점에 대한 검토와 더불어 이 문제를 해결하는 현실적인 대안이 무엇이 있는지 살펴보게 될 것이다.

1) 유전공학의 발전과 유용성

복제(Cloning)라는 말은 최근 몇 년 동안 언론의 집중적인 주목을 받는 소재가 되어왔다.[1] 1997년 2월 27일 이언 월머트(Jan. Wilmut) 박사팀에 의해 영국의 로슬린 연구소에서 인류 최초로 체세포 복제에 의한 복제양 돌리가 성공했다는 『네이쳐』지의 발표가 있었다. 이후 이 기술은 여러 포유동물에게 적용되어 많은 성공사례가 발표되기 시작하면서 선진국들이 추진하고 있는 인간게놈연구[2]와 인간복제의 연구 결과는 인류 생활에 막대한 영향을

1) 복제는 한 마디로 미수정란의 핵을 체세포의 핵으로 바꾸어 놓음으로써 유전적으로 똑같은 동물을 얻는 기술을 의미한다. 따라서 동물의 복제는 유전정보를 가지고 있는 DNA와 난모세포(卵母細胞)만 가지고 어미와 유전적으로 동일한 새끼를 생산하는 것을 가리킨다.

2) 인간은 어머니로부터 생겨난 난자와 아버지로부터 생겨난 정자가 합쳐져 수정란이 되고 나면 그 생명현상의 첫 단계인 분열을 시작한다. 수정란은 분열을 거듭하며 분열할 때마다 생겨나는 딸세포에게 똑같은 유전정

끼칠 것으로 예견되고 있다. 1970년에 이르러 유전공학은 하나의 독립된 학문으로 인정받았고 이것은 '유전자를 인공 조작하여 새로이 유용한 생명체를 개조 또는 창조하는 공학기술' 로 정의되어 왔다.

현재 유전공학기술은 생명체의 형질과 기능을 결정해 주는 유전자를 조작하는 기술이기 때문에 생명체를 이용하는 모든 산업분야에 응용되고 있다. 따라서 제약 산업을 위시해서 발효산업, 식품산업, 그리고 농업, 환경, 보건의료 등 모든 생물 산업 분야에 걸쳐 지대한 기술적 그리고 경제적 파급을 가져오고 있다.

(1) 의학에의 응용

유전공학기술이 제일먼저 응용되고 실용화된 분야가 제약 산업이다. 실제로 유전공학기술을 이용하여 여러 가지 새롭고 희귀한 '바이오'(Bio) 의약품을 생산해 내는 데 기여하고 있다. '바이오' 의약품이란 인체 내에서 자연적으로 미량 생성되는 생체활성물질을 생명 공학적 기법으로 양산해 낸 의약품을 말한다. 새로운 '바이오' 의약품의 개발은 앞으로 질병의 진단, 치료, 예방에 상당한 기술적 파급효과를 가져옴으로써 의료기술의 혁신을 이룰 것으로 전망되고 있다.

게놈연구는 생명체의 생성, 성장, 노화에 영향을 미치는 유전자의 기능을 총체적으로 분석함으로써 생명의 신비를 원천적으로 탐색하고 이를 통해 개인별 의학과 예측의학 시대를 개척할 수 있을 것으로 전망된다. 모든 DNA의 순서와 십만에서 삼십만 개의 모든 단백질 구조와 각 단백질의 정

보를 전달한다. 그리하여 약 60억 개의 세포로 이루어진 사람의 몸은 각 부분이 여러 다른 특징을 보이며, 기능 또한 다르지만 그들을 이루는 세포는 모두 똑같은 설계도, 즉 세포 핵 속에 있는 DNA에 똑같은 염기서열을 보여주는 DNA를 가지게 된다. 이들 한 생물체의 하나의 세포핵 속에 담긴 유전정보를 통틀어 '게놈'이라고 부른다. 사람의 한 개의 세포가 가지고 있는 게놈에 해당하는 DNA는 거의 2m의 길이로 늘어선 DNA로 약 30억 쌍의 염기로 이루어져있다. 이들 30억 쌍의 염기는 그 배열에 따라 독특한 정보를 나타내게 된다. 따라서 이 30억 쌍의 염기순서를 모두 읽어내면 인간 세포의 청사진-적어도 생물학적인-을 얻을 수 있고 이들 염기순서의 변화로 생겨난 돌연변이와, 그 결과로 나타내지는 유전적인 질병을 쉽게 진단 치료할 수 있으리란 희망으로 시작된 것이 바로 인간게놈연구이다.

확한 기능이 밝혀진다면 여러 가지 질환의 예방과 치료 발전에 크게 이바지 할 것이다. 특히 유전자 변이와 관련이 있다고 알려진 선천성 대사 질환, 현재 불치병이라고 여기는 당뇨병, 심장질환과 각종 암들의 예방과 치료에 많은 발전이 있을 것이다. 최근에는 정신분열증을 포함한 여러 가지 질환들도 유전자변이와 관련이 있다는 연구 보고가 많이 있는데 이 방면에도 크게 기여할 것이다. 그리고 유전적 질환으로 간주되고 있는 알츠하이머병이나 파킨슨씨병[3] 등과 같은 노인성 신경 퇴행성 질환들의 원인 규명과 치료의 많은 발전으로 유전병을 비롯한 모든 질병의 치료와 예방이 가능하여 인간수명을 100세 이상으로 연장할 수 있을 것으로 기대된다.

(2) 농업에서의 응용

장기적인 안목에서 유전공학기술이 크게 기여해 나 갈 수 있는 분야로 농업적 이용이 있다. 현대의 유전공학은 유전인자를 분리시켜서 나중에 목적을 가지고 새로운 유기체에 주입함으로써 원하는 특성을 얻을 수 있으며 동종 이동에서 이종 이동의 방법으로 새로운 유기체를 생산하는 것이 가능해졌다. 그리하여 동물로부터 추출한 이익 유전자들을 식물들에다 옮겨놓는 유전자 변이를 한 결과 놀라운 결과를 가져오게 되었다. 먼저 바이러스와 세균에 저항력이 강하고 해충과 질병에 잘 견디는 식물을 생산할 수 있게 되었고, 공해에 강한 식물이나 광합성의 능력이 증가된 식물, 그리고 공기 중의 질산염을 흡수하거나 광합성의 능력이 증가된 식물 그리고 질산염을 많이 필요로 하지 않는 식물 등을 생산 할 수 있게 되었다. 이러한 가능성은 유전공학을 이용해서 식량증산의 획기적인 길을 열어 제2의 녹색혁명을 달성하고 새로운 종묘산업을 발전시켜 나갈 것으로 기대되고 있다.

3) 퇴행성 뇌질환, 노인의 치매의 원인 중 가장 흔한 형태이다. 병리조직학적으로는 뇌의 전반적인 위축, 뇌실의 확장, 신경섬유의 다발성 병변(Neurofibrillary Tangle)과 초로성 반점(Neuritiic Plaque)등이 특징이다. 미국 전 대통령이었던 로널드 레이건이 이 질환을 앓다 사망했다고 알려지면서 세인의 관심을 더욱 끌고 있다. 임상적인 특징은 점진적인 기억·판단·언어능력 등 지적인 기능의 감퇴와 일상생활능력·인격·행동양상의 장애이다.

세포융합이나 식물체의 형질전환과 같은 유전공학적 기법을 이용하여 전혀 새로운 식물체를 육종해 낼 수도 있다. 세포융합기술에 의한 신품종 개량의 성공적인 사례는 '포마토'(pomato)[4]라 하겠다. '포마토'는 세포를 융합시킨 잡종세포를 분화하여 얻은 신종식물로 이를테면 희랍신화에 나오는 키메라(Chimera)[5]와 흡사한 성질을 가진 것이다. 이 기술은 감자의 내한성 인자를 토마토에 이식시켜 내한성 토마토를 만들어내려는 시도에서 시작되었다. 이러한 유전공학은 해를 거듭할수록 발전을 더해 각종 유전공학 작물이 생산되기에 이르렀다.

결국 유전공학은 식량증산이란 인류가 안고 있는 범세계적인 문제의 해결뿐만 아니라 식물·동물·박테리아 등의 조작은 보다 많은 영양가를 지니거나 쉽게 소화되거나 혹은 적당한 지방질을 포함하고 있는 등의 개선된 곡물과 염가의 식품, 더욱 효과적인 제약 등을 생산해 낼 수 있게 한다. 그 외에도 동물복제 기술을 통해 개량된 동물을 생산할 수 있게 한다. 이것의 목적은 많은 새끼를 낳을 수 있도록 한다든지 양과 질이 개선된 우유의 생산이 가능하게 하거나 혹은 전염병에 강한 가축으로 개량하는 데에 있다. 이로써 축산농민들의 소득향상을 꾀할 수 있으며 오늘날 세계가 안고 있는 난제인 식량문제를 현존하는 어느 방안보다도 더 효과적으로 해결해 낼 수 있다.

2) 유전공학의 문제점

(1) 유전자 조작을 통한 사회 윤리적 문제

유전공학 기술의 혜택을 받은 우수한 형질의 인간과 그렇지 못한 열등한

---

4) 감자와 토마토를 인공적으로 교배시켜 재배한 야채로 1978년 서독의 메르하스 박사가 실험온실에서 감자와 토마토의 세포융합(형질이 다른 두 종류의 세포를 융합하여 양쪽 성질을 거의 모두 가지고 있는 새로운 세포를 만드는 방법)을 통하여 열매는 토마토, 뿌리는 감자가 열리는 단계까지 성장시키는데 성공했다.

5) 하나의 식물체 속에 유전자형이 다른 조직이 서로 접촉하여 존재하는 현상.

형질의 인간으로 구분될 수 있고 남녀의 성을 조작하거나 복제인간을 만드는 반윤리적인 행위가 이루어 질 수 있다. 그리고 반대자들은 지나친 효율성 도모로 인해 인간들이 공유해 온 도덕적 이념들이 상실될 수도 있음을 지적한다. 유전공학은 생명을 점점 도구화하고 있다. 즉 생명을 오로지 물질적이고 경제적인 유용성의 척도에 따라 관계하도록 한다. 그 결과 인간 외의 생명체들은 단지 인간의 목적을 위한 물질로만 취급되며 그들의 고유한 존재의 가치와 권리는 철저히 무시되고 있다. 더 나아가 유전자 조작 기술을 통하여 인간 자신조차도 자연과 함께 점점 더 기술적인 행위의 대상이 되어 가고 있다는 점이다. 인간 유전자 구조를 변화 개선시키는 데에 이용될 것이다.

(2) 생태계 파괴

유전공학으로 인한 조작적인 사회는 결국엔 생태계의 파멸을 초래할 것이다. 자연적인 방법으로 생물체가 수정할 경우 그 후손들은 각기 다른 면역 체계를 갖게 됨으로써 결과적으로는 전체 종족의 높은 생존가능성을 담보하게 된다. 이에 비하여 인간의 유전자 중 악성 유전자를 제거하다 보면 결국 모든 사람의 유전자가 비슷해져 다양성이 없어지게 되고 단일 유전자 복제생물들은 거의 같은 유전형질을 지니므로 특정한 바이러스나 질병에 취약성을 드러내면서 떼죽음을 당할 가능성도 많다. 또한 유전적으로 조작된 변종들이 나타나는 경우 기존의 자연종들은 대부분 도태되거나 멸종하게 될 것이며 그 결과로 생태계의 생존을 담보하는 유전적 다양성의 폭이 매우 축소된다는 의미의 생태계의 파멸도 생각할 수 있다.

(3) 유전자 조작 식품의 유해성 우려

유전자조작이 벼나 감자, 옥수수, 콩 등의 농작물에 행해지면 유전자조작농작물이라 부르고 이 농산물을 가공하면 유전자조작식품(GM :

Genetically Modified)이라고 한다. 유전자조작에 의하여 삽입된 새로운 유전자가 항상 이론대로 그 성질이 나타나는 것은 아니다. 이론이 실제와 다른 경우가 있으며 이런 현상에 대한 원인은 확실히 밝혀지지 않고 있다. 또한 기술적으로도 정확도가 떨어지는 경우가 많으며 새로운 유전자가 세포의 DNA 속으로 삽입되어 세포 자체의 엉뚱한 유전자의 발현을 유도할 수도 있어서 그 부근 유전자 집단의 조절을 혼란에 빠뜨릴 가능성도 있다. 즉 미처 예상치 못한 위험을 초래할 가능성이 매우 높다.

(4) 신종 세균의 발생과 오용

유전공학의 응용은 어떤 목적으로든 새로운 생명체를 조작하는 일이므로 그것은 반드시 예기치 못한 위험 요소를 동반한다. 예컨대 해가 없는 박테리아로부터 자연적인 천적이 없는 새로운 병균이 생산되거나 악성질병 바이러스가 증가하여 환경 중에 만연되는 경우 사람이나 가축의 생명을 위협할 가능성은 얼마든지 있는 것이다. 아니면 특정 인체 호르몬의 대량생산을 위한 실험과정에서 이들 유전자가 자연계의 어느 특정 세포나 동물의 장내세균 등에 부착되어 이런 물질을 마구 생산해내는 사태도 상상이 가능한 것이다.

그리고 신종세균의 오용의 위험이다. 독립국가연합이 유전자 조합기술로 세균무기를 개발한 것은 바로 그 좋은 예의 하나인데 유전공학의 군사적 이용을 통하여 언젠가는 원자폭탄 이상으로 가공할 만한 무기를 생산해낼 수 있다는 데에 있다. 그리고 영화 〈미션임파서블2〉에서 상상하여 그려내고 있듯이 몰염치한 정권이나 테러리스트들이 오직 자신들만 그에 대한 '해독제'를 확보한 뒤 악성 돌연변이체들을 악용하여 인류에 폐해를 끼칠 우려도 전혀 배제할 수 없다.

2 생명의료윤리 문제의 등장과 논의

1) 생명의료 윤리의 의미

생명의료윤리는 응용규범 윤리학의 한 분야로서 생명의료윤리학의 과제는 의료행위나 생명 의료적 연구와 관련해서 생기는 윤리적 문제를 해결하는 데 있다. 생명의료윤리학에서 전형적으로 제기되는 물음들은 다음과 같다.

* 의사는 불치병에 걸린 환자에게 '당신은 곧 죽을 겁니다'라고 말해 주어야 할 도덕적 의무를 지는가?
* 환자의 개인 의료기밀을 유출하는 것이 도대체 도덕적으로 정당화 될 수 있는가?
* 안락사가 도덕적으로 정당화될 수 있는가?
* 대리모가 도덕적으로 정당화될 수 있는가?
* 낙태가 도덕적으로 정당화될 수 있는가?

위의 물음들은 생명의료윤리학의 도덕적 정당화 가능성에 초점을 맞추고 있음을 보여주는 것으로 엄밀히 말해서 우리가 '생명의료윤리학은 응용윤리학의 한 유형' 이라고 할 때의 윤리학은 사회철학, 정치철학, 법철학과 중복되는 것으로 넓게 이해해야 한다.

생명의료윤리와 관련된 윤리용어는 어느 부분에 초점을 맞추는가에 따라 여러 가지로 표현된다. 영어로 제일처음 사용하기 시작한 용어는 의료윤리(Medical ethics)이다. 이를 우리말로 의료윤리 또는 의학윤리라고 한다. 분명하게 구분되는 것은 아니지만 의료윤리에서는 질병치료과정에서 생기는 여러 윤리문제를 주로 다루며 의학윤리라고 하면 대개 의학이라는 학문과 관계되는 윤리 문제들을 주로 다룬다는 느낌을 준다.

다음으로 생명윤리(Bioethics)라는 용어가 있는데 생명윤리라는 말은 생명을 의미하는 *bios*와 윤리학을 의미하는 *ethike* 두 그리스말이 합성된 것이다. 이를 우리말로 대개 생윤리 또는 생명윤리로 번역해 왔다. 생명윤리는 의료윤리보다는 그 범위가 좁아 직접적으로 생명과 관련된 윤리문제를 주로 다루는 분야라는 인상을 준다. 생명윤리의 개념 정의는 학자들의 관점에 따라 강조점이 다를 수 있으나 응용 윤리학의 한 분야로서 생명공학 특히 의학과 유전공학에서의 실행 및 발전에 대한 간섭 또는 통제의 정당성 여부를 성찰하는 학이라는 의미로 해석하는 것이 무방할 것이다. 역사적으로 보면 생명윤리라는 말은 1970년 미국 위스콘신 대학의 종양학자였던 포터(V. R. Potter)가 그의 저서 『생명윤리학 : 미래를 향한 다리』(*Biology:The Bridge to the Future*)에서 최초로 사용한 것으로 알려지고 있다. 이 책에서 포터는 인류가 미래를 향해 나가려면 생명윤리가 필요하고 그것이 없을 때에는 인류의 미래는 없을 것이라고 경고했다. 그의 중요 관심사는 인류의 생존이었다. 생명윤리를 경시할 때 인류는 삶의 질을 논할 자리는커녕 생존자체도 불가능해 질 것을 예고하였던 것이다.

2) 생명의료윤리의 등장과 발전

생명의료윤리는 원래 직업윤리로서 의료윤리에서부터 시작되었다. 생명의료윤리가 독자적인 학문영역으로 등장한 것은 의학기술의 급속한 발달로 인해 기존의 관행이나 통념으로는 해결 불가능한 많은 갈등과 문제점들이 발생하게 된 20세기 중반 이후 즉 1970년대 이후라고 할 수 있다.

그런데 실제로 1960년대부터 1970년대에 걸쳐 미국사회에서는 의료문제를 중심으로 한 사회적 논의가 활발했던 것으로 알려져 있다. 의료윤리학이 관심의 대상으로 부각되기 시작했던 것도 이 시기라고 할 수 있다. 그 이전에 의료윤리의 일반적인 모습은 단지 의료윤리로서 의사의 바람직한 진료행위와 자세를 규정하는 규범이었던 것이다. 이제 의학은 인간의 삶을 통제하는

데 점점 더 깊숙이 개입할 수 있는 능력을 갖추게 되었으며 의학 분야 외에서도 생명과학의 급속한 발전은 인류의 세계관과 가치관을 송두리째 변화시킬 수도 있는 시점에 이르렀다. 오늘날 많은 이들이 생명의료윤리에 관심을 가지는 것은 바로 이런 사실에 기인한다.

(1) 원시시대- 고대의 의료윤리

원시시대와 고대의 의료시술은 특별한 힘을 갖추었다고 믿어진 샤먼과 성직자 계급의 손에 놓여 있었다. 샤먼이 되기 위해서는 특수한 통과의례를 거쳐야 했으며 성직자 계급에 속하는 데에도 다른 이들과는 구별되는 별도의 교육과 의식을 거칠 필요가 있었다. 이들의 의료시술은 그 속성상 영리목적이 아니라 사회구성원의 복지를 위해서거나 '신의권능'을 드러내기 위한 것이었으므로 환자-의사관계는 초자연적이고 신비적인 성격을 띠기 마련이었다. 이들의 치료는 초자연적인 방법을 주로 하여 경험적인 방법을 일부 가미한 것이었으며 환자들 역시 이들에게 그러한 권능을 기대하고 있었다. 이런 모습은 오늘날 일부 의료현장에서도 볼 수 있다. 이들 성직자 계급은 지적 엘리트로서 사회의 종교적이고 도덕적인 질서를 지배하고 있었으므로 이들의 행위 역시 그 안에서 자신들이 믿는 종교적이고 도덕적인 규범 내에서 이루어졌다. 그들에게 있어 행위의 규범은 신이 내려준 계명 혹은 전통적인 터부였고 이를 위반하면 사회적인 처벌뿐 아니라 초자연적인 신의 처벌 또한 내린다고 생각했기 때문에 그 규범들은 비교적 잘 지켜졌을 것이다.

(2) 그리스-로마시대의 의료윤리

오늘날의 의료윤리는 그리스시대의 히포크라테스로 거슬러 올라간다. 의학의 아버지라고 일컬어지는 히포크라테스가 의사들이 의료업을 시작할 때 의사로서 최소한 갖추어야 할 윤리지침을 만들었는데 이것이 의료윤리의 첫 공적기록이다. 히포크라테스는 치료를 위해 사용되었던 의료전문가들의 특수한 지식과 훈련 그리고 경험을 강조하였다. 특히 히포크라테스는 의료인들이 마음에 새겨야 할 원칙은 "나는 내 능력과 판단에 따라 환자를 돕기 위해 처방하지, 상해와 사해할 의도로는 처방하지 않을 것이다." 라고 하였다.[6] 이것은 의료전문가가 환자의 이익을 증진시키도록 노력해야 할 것을 요구한다. 환자의 이익의 증대와 환자에게 해악을 범해서 안 된다는 히포크라테스의 전통은 그 후 의료윤리의 중심적인 원칙이 되어왔고 지금의 의사윤리헌장의 토대가 되었다.

독립된 전문 직업으로서의 의학의 전문화는 그 집단만의 특별한 교육 체계의 확립 및 규범의 준수와 떨어져 생각 될 수 없다고 본 히포크라테스학파는 유명한 『선서』를 통해 이를 정식화했는데 그 요지를 추려보면 다음과 같다.

* 스승을 존경하고 동료를 존중할 것.
* 환자의 이익과 생명의 보호를 위해 최선을 다할 것.
* 환자에게 위해를 입히지 말 것.
* 환자의 비밀을 지킬 것.
* 예후가 좋지 않은 수술(방광결석수술)을 하지 않을 것.
* 낙태약을 주지 않을 것.
* 환자와 성적으로 불미스러운 일을 하지 않을 것.

이상은 대부분 오늘날 의사의 직업윤리로서 살아남아 있다. 이 외에도 히포크라테스 전집 등의 문헌에 나타난 당시 의사들의 윤리규정을 보면 동료들 간의 지나친 경쟁을 피하기 위해 치료를 거부하는 것이 오히려 윤리적으로 정당화 되었다.

6) 나는 내 능력에 따라 병자를 돕기 위해 치료법을 사용할 것이다. 결코 환자에게 상처를 주거나 해를 끼치지 않을 것이다. 직업적으로나 개인생활을 통해서나 환자에 대해 보고들은 사실 중에서 남에게 알려져서는 안 될 것에 대해서 나는 절대로 비밀을 지켜 아무에게도 말하지 않을 것이다. ('히포크라테스의 선서' 중에서)

(3) 중세의 의료윤리

기독교가 등장하여 서구세계를 지배하게 됨에 따라 의학과 의료시술 역시 그 영향을 많이 받게 되었다. 의료윤리의 역사에서 기독교의 가장 큰 영향은 병자를 대하는 고대의 관념을 급격하게 바꾸어 놓았다는 데 있다. 고대 세계에서 병자는 가엾기는 하지만 사회 전체의 기준으로는 별로 가치가 없는 존재였으며 특히 불구나 치료불능의 폐질자일 경우에 더욱 그러했다. 스토아(Stoa) 철학에 의하면 자기생명이 사회적 존재자로서 의미가 없을 때 목숨을 스스로 끊는 일은 오히려 용기 있는 사람의 바람직한 행위였다. 그러나 기독교의 전파에 따라 사람의 목숨이 신의 선물이며 자신의 생명 또한 마음대로 할 수 없다는 생각이 퍼지면서 고대의 자살 옹호는 더 이상 지지를 받지 못했다.

자살의 금지와 아울러 낙태에 대한 강력한 금지역시 기독교 교리의 소산이다. 기독교는 예수의 본을 따라 환자와 소외된 자에 대한 돌봄을 신앙인의 큰 미덕으로 설파하였으며 그 결과 대도시에는 병자들을 수용하여 보살피는 병원이 등장하였고 큰 수도원이나 성당에는 시약소를 부설하여 가난한 환자들에게 약을 나누어주기도 했다. 오늘날 대부분의 사회에서는 환자를 특별한 존재로 여기고 그를 돌보는 일을 매우 인도적이며 거룩한 행위로 간주하고 있는데 이는 상당부분 기독교의 신앙에 기인한 것이다. 물론 이슬람이나 불교 등의 고등종교 역시 마찬가지의 생각을 갖고 있으며 중세 이슬람 국가나 동아시아의 불교 문명권에서도 병원이나 구호소를 설립하여 환자들을 보살폈으며 성직자나 수도승들이 그 일에 종사하기도 했다.

중세 이후 도시가 발달하고 의사가 독립된 전문직으로 기능하게 되면서 기독교회는 의사의 행위를 윤리적·법적으로 제한하려 했다. 근세 이후 의사의 전문직으로서의 지위가 확고해지고 국민국가의 발달에 따라 의료 행위를 법적으로 규제할 필요성이 대두되면서 더욱 큰 의미를 지니게 되었다.

(4) 근대의 의료윤리

근대적인 의료윤리는 1772년 존 그레고리(John Gregory)의 『의사의 자질과 의무에 대한 강의』(*Lectures on the Duties and Qualifications of a Physician*)의 출간과 더불어 정식화 되었다. 종래의 의료윤리가 종교적인 가르침과 긴밀하게 연결되어 있었다면 이 '근대적 정신'의 의료윤리는 공리주의자들의 영향을 받은 세속적이 것이었다. 그는 도덕적 감성의 개념으로 의료윤리를 설명했으며 의사들의 바람직한 자질로 '인간미, 인내, 주의력, 분별력, 비밀보장, 명예심' 등을 들었고 무엇보다 환자의 고통에 대한 '공감'을 강조했다. 이후 영국의 토마스 퍼시발(Thomas Percival)은 1792년에 의사의 윤리강령을 제안하였고 1803년에는 『의학윤리』(*Medical Ethics*)를 출간하였다. 그 영향은 1808년 미국의 보스턴의사회에서 윤리강령을 제정하는 것으로 이어졌으며 1847년에는 새로 창립된 미국의사협회(AMA: American Medical Association)가 퍼시발의 이론을 기반으로 하여 의사윤리강령을 제정, 선포하였다.

18~19세기 전반의 이러한 의료윤리에 대한 관심은 대체로 다음과 같은 요인들에 기인한다. 첫째, 의사의 전문직화가 가속화되면서 다른 의학 분파들과 대비되는 정통적인 의사의 모습을 내세울 필요성이 생겨났으며, 두 번째로 프랑스 혁명과 계몽주의의 영향을 받아 인권, 박애, 평등과 같은 가치들이 개인의 영역을 넘어서 사회적인 권리로서 주장되기 시작했고, 셋째, 유효한 의학체계와 건강권에 대한 공공의 요구가 증가하여 이를 위해 의사의 교육 수준과 자질을 통제할 필요가 생겨났기 때문이다.

이런 의료윤리 강령은 20세기의 의료윤리에 커다란 영향을 미치게 되었다. 하지만 이때까지의 의료윤리 역사는 의사의 도덕적 자질(moral virtue)을 강조하는 선언적인 성격을 가지고 있었고 환자에 대한 바람직한 에티켓과 전문직으로서의 의무감을 주창하는 수준에 머물러 있었다.

(5) 현대의 생명의료윤리

이전의 의료윤리에서 생명의료윤리가 독자적인 학문영역으로 등장하게 된 것은 의학기술의 급속한 발달로 인해 기존의 관행이나 통념으로는 해결 불가능한 많은 문제점들이 발생하게 된 20세기 중반 이후의 일이다.

생리학, 병리학, 미생물학 등 생명과학에 기반을 둔 소위 생의학(Bio-medicine)이 20세기 의학의 주류로 자리를 잡으면서 이전에 존재하지 않았던 새로운 윤리적인 문제들이 등장하기 시작했다. 동물실험을 통해 과학적 생리학의 기초를 닦은 베르나르(Claude Bernard, 1813-78)는 인체실험의 유용성을 잘 알고 있었지만 "과학의 발전이나 타인의 복지에 아무리 유용하더라도 사람에게 해를 입힌다면 그 실험을 해서는 안 된다"는 원칙을 세웠다. 하지만 파스퇴르(Louis Pasteur, 1822-1895)의 예방백신 접종실험[7]과 같이 현대의학 발전에 큰 공헌은 했지만 오늘날의 시각으로 볼 때는 무모하고 위험한 실험 또한 초기에는 많이 행해졌다. 시간이 흐르면서 많은 오류와 시행착오를 통하여 이러한 연구의 위험성이 알려지고 이를 통제하는 윤리적인 기준들이 마련되면서 생명의료윤리가 등장하였다.

오늘날 생명과학의 발달은 불구아의 태내 진단 및 성감별을 위한 인위적 조작, 낙태의 만연, 인공수정, 한 아기를 만들기 위한 여러 태아 죽이기(시험관 아기), 체외수정, 치료재료로 쓰기 위한 태아 만들기, 각종 유전자 조작 등 복잡한 문제들을 발생시키고 있으며 인공신장과 기타 만성질환의 치료를 위한 기술발전으로 오는 인간생명의 연장문제와 식물상태의 인간에 대한 처리문제 등 인간생명의 존엄성과 관계되는 윤리문제들을 계속적으로 발생시키고 있다.

---

7) 프랑스의 화학자이자 미생물학자 파스퇴르가 광견병 백신을 발견하고 예방백신을 개발하기까지 고대의 광견병 치료제인 '애쉬리온'은 무려 1500년 동안 처방되었다. 1885년 7월 미친개에게 물린 어린이가 "살려달라."며 파스퇴르를 찾아왔을 때 그 자신도 성공을 확신할 수는 없었다. 백신은 동물실험이 채 끝나지 않은 상태였다. 전자 현미경으로나 확인할 수 있는 광견병 바이러스는 그 당시 단지 '개연성'으로만 존재하고 있었다. 이 무모한 생체실험(?)은 다행히 성공했다. "1885년 파스퇴르 '광견병 백신' 접종." 『동아일보』(2004.7.5).

또 과거엔 심장과 호흡의 영구적인 중지라는 죽음의 정의밖에 없었으나 장기이식 시술의 발달은 죽음의 판단기준은 무엇인가에 대한 논쟁을 불러 일으켜 뇌사설에 의한 인간죽음에 대한 새로운 정의와 안락사의 찬반논란이 그치지 않고 있으며 유전공학의 발달로 나타난 인간생명의 조작 가능성과 생명 복제기술의 발달로 인한 인간복제의 문제 등이 제기되고 있다. 한마디로 고도로 과학화한 의술은 인간생명의 시작부터 끝까지를 자연과학의 원리를 응용하여 인간이 원하는 대로 조작할 수 있는 방법을 갖게 되었으며 그 응용분야가 확대되어 기업화, 상업화되어 가고 있는 것이 현실이다.

오늘의 생명의료윤리가 가지는 새로운 점은 그 연구영역의 확장에 있다. 생명의료윤리는 더 이상 의료계만의 문제가 아니므로 사회윤리, 만인의 윤리 더 나아가 생명 있는 모든 것을 위한 윤리가 되었다. 그리하여 생명의료윤리는 생명의 시작과 생명의 보존, 삶의 질을 높이는 일, 생명의 품위 있는 종말까지 관심을 갖게 된 것이다. 특히 생명의료윤리는 인간과 인간관계의 고찰을 넘어서서 생명이 있는 모든 것에 대한 새로운 가치를 부여하고 지배와 착취의 관계가 아니라 공생과 공존의 관계가 되어야 할 것을 강조하고 있다. 따라서 생태학적 반성을 통한 생명의료윤리의 정립이 필요하게 되었다.

3) 생명의료윤리의 네 가지 원칙

생명윤리의 문제가 발생했을 때 이를 판단 할 수 있는 기준이 있어야 하는데 많은 학자들에 의해 여러 가지 원칙들이 제시되었지만 현재로서 가장 보편적으로 적용되고 있는 생명윤리원칙이 바로 생명의료윤리의 4대원칙이다.[8] 여기서 다루는 생명의료윤리의 네 가지 원칙은 미국의 생명의료윤리학자 비첨과 칠드레스(*T. L. Beauchamp & J. F. Childresss*)가 그들의 저서 『생명의료윤리학의 원리』(Principle of Biomedical Ethics)에서 제안한 생명의료윤리학 방법론이다.

---

8) 김일순, 손명세, 심상득, 1999 참조.

생명의료윤리의 4대원칙은 자율성존중의 원칙, 악행금지의 원칙, 선행의 원칙, 그리고 정의의 원칙이다.

이 네 가지 원칙이 충돌할 때 어느 원칙이 가장 우선되어야 하는가에 관해서 논란이 많으나 일반적으로는 순서대로 우선순위가 주어진다고 보나 상황과 변수에 따라 얼마든지 달라질 수 있다.

(1) 자율성 존중의 원칙

자율과 인간존엄성을 존중하는 자기결정권의 원칙으로 의사는 진료행위를 할 때 환자의 자율적 의사를 존중해야 한다. 자율성 존중의 원칙은 병증과 치료방식 그리고 효과에 대하여 충분한 정보와 설명을 제공한 후에 환자나 그 가족의 동의를 얻어서 치료하는 것까지를 포함한다. 즉 환자 스스로 자신의 건강에 관한 모든 정보를 알고 스스로의 판단에 의해 시술이나 투약을 받아야 한다는 원칙이다.

(2) 악행금지의 원칙

신체적, 정신적 또는 사회적으로 피해를 입히지 않도록 하는 불가해의 원칙으로 히포크라테스 선서 이후 의사들은 "환자에게 해악을 입히거나 환자의 상태를 악화시키는 데는 의술을 결코 사용하지 않겠다"는 원칙을 존중해 왔다. 그러나 인간의 능력에는 한계가 있기 때문에 부득이하게 악행을 할 수밖에 없는 경우가 있다. 예컨대 신장이식 수술을 할 때 우리는 기증자로부터 신장하나를 제거할 수밖에 없다. 이 경우 신장제거는 분명 기증자에게 악행을 하는 것이지만 다른 환자를 살리는 데 불가피하게 요구된다.

여기서 우리는 어느 정도까지 악행이 허용되며 어떤 조건 아래서 악행이 이용되는가 하는 물음을 던지지 않을 수 없다. 그러한 정당한 근거는 무엇인가? 이런 물음이 이중결과의 원리(principle of double effect)[9]와 관련된

9) 이중결과의 원리는 그 기원이 토마스 아퀴나스로 거슬러 올라가나, 19세기 중엽에 이르러서야 비로소 제수

물음이다. 이중결과의 원리를 옹호하는 사람들은 의사가 감기를 낫게 하려고 주사를 놓았지 부작용을 일으킬 의도로 주사를 놓은 것은 아니기 때문에 선한동기로 시술한 경우 있을 수 있는 예기치 않은 부작용은 이중효과의 원리에 입각하여 예외적으로 용납될 수 있다고 본다. 하지만 어떤 치료방법의 선책은 불가피하게 환자에게 위험이나 부작용을 초래할 수도 있다는 점에서 절대적으로 적용될 수 있는 것은 아니다. 의사에게는 금지된 진료와 해야만 하는 진료가 있는데 이를 어기는 것은 악행금지의 원칙에서 벗어난다. 하지만 선택적인 진료의 경우에는 의사와 환자의 합의에 따라 진료행위가 이루어져야 한다.

(3) 선행의 원칙

환자를 돕고 배려하여 환자의 건강을 촉진하여 환자의 입장에서 선이 증대되도록 적극적으로 노력하라는 원칙이다. 선행의 원칙은 악행금지의 원칙을 넘어서 해악의 예방과 제거는 물론 더 긍정적이고 더 적극적인 선의 실행을 요구한다. 물에 빠진 타인을 보고 구하지 않는 것은 악행금지의 원칙에는 어긋나지 않으나 선행을 하지 않았으므로 도덕적 비판의 대상이 될 수도 있다. 선행은 조건부적인 경우가 흔하다. 장기기증은 선행이지만 기증하지 않았다고 비판을 받는 것은 아니다. 이러한 선행의 원칙은 부모가 자식의 장래를 위하여 간섭할 수 있는 것처럼 의사나 보호자 역시 환자의 이익을 증대하기 위하여 적극적으로 개입할 수 있다는 온정적 간섭주의(Paternalism)를 뜻한다. 의사의 온정적 간섭주의는 선행의 원칙에 입각한

잇 신부인 굴리에 의하여 체계화되었으며, 그 후 맹건에 의하여 재구성된 것이 현대 철학자들과 도덕신학자들 사이에 정설로 받아들여지고 있다. 이에 의하면, 좋고 나쁨 두 가지의 결과를 초래하는 자의적인 행위는, 행위자가 나쁜 결과를 예견했을 경우, 다음 네 가지 조건들을 모두 충족시켜 줄 경우에만 허용될 수 있다. 첫째, 행위 자체가 도덕적으로 선한 행위이거나 적어도 중립인 행위이여야 한다. 둘째, 행위자의 의도가 나쁜 결과에 있지 않고 좋은 결과에 있어야 한다.(이 조건은 예견한 채로 하는 것이 그 행위를 의도하는 것의 충분조건이 아니며, 자의적으로 하는 것이 그 행위를 의도하는 것의 충분조건이 아니라는 점을 전제하고 있음에 주의하라!). 셋째, 좋은 결과는 나쁜 결과가 수단이 되어 얻어져서는 안 된다. 넷째, 나쁜 결과를 허용하는 것이 불가피할 만큼 중대한 이유가 있어야 한다.

행위가 자율성 존중의 원칙과 상충될 수 있다. 안락사를 적극적으로 도와주는 것이 선행의 원칙에 맞는 것인지 악행금지의 원칙을 범하는 것인지 의견의 일치를 보기 어렵다.

(4) 정의의 원칙

의료혜택이나 의료자원의 공평한 분배와 차별 없는 치료를 함으로써 형평성을 유지해야 한다는 원칙이다. 대학병원에서 인공심장을 개발하는 문제를 살펴보자. 여기에는 많은 비용이 필요하다. 그 연구기금을 어떻게 마련할 것인가? 한정되어 있는 의료 예산과 연구기금을 어느 한 분야에 많이 투자하면 상대적으로 다른 분야에는 적게 투자할 수밖에 없게 된다. 이러한 연구비나 예산을 어떻게 분배해야 하는가? 이런 물음의 배후에는 '정의란 무엇인가?'라는 윤리학적 주제가 자리 잡고 있다.

윤리는 사실을 다루는 것이 아니라 당위를 다루기 때문에 당위라는 잣대가 없다면 의료행위는 전혀 문제시되지 않을 수 있다. 하지만 진찰과 치료 역시 인간 생명과 신체를 다루는 행위이기에 우리는 윤리를 무시할 수 없다. 지금까지 다룬 네 가지 윤리원칙은 비록 완전무결한 것은 아니지만 생명의료윤리를 평가하는 윤리적 잣대 구실을 하기에 충분하다. 각각의 윤리원칙을 적용하는 데는 어려움이 있을 뿐 아니라 하나의 의료행위에 이 네 가지 원칙을 적용할 때 생기는 상호간의 충돌을 피할 수 없다. 사실 대부분의 의료 행위에는 이 네 가지 원칙이 관련되어 있기 때문이다.

3 생명의료윤리 문제의 주요쟁점

현대의 과학기술은 역사상 유례를 찾을 수 없을 정도로 크게 발전하여 물질적 풍요와 생활의 편리함을 인류에게 제공하고 있다. 그러나 과학기술이 발전하면 할수록 세계는 자연자원이 차츰 고갈되고 있으며 환경이 파괴되고 생태계 전체가 파멸의 위기에 빠지고 있다. 첨단 기기를 사용한 진단과 치료기술의 고도의 발전으로 많은 어려운 문제들을 해결하였으나 그 결과로 야기되는 여러 윤리적인 문제들을 발생시켰다.

1) 뇌사와 장기이식

(1) 죽음에 대한 정의

죽음이란 무엇일까? 인간의 죽음에 대해 우리가 어떤 자세를 취하는가는 대단히 중요한 의미를 가진다. 폭넓게 사용되는 '죽음'이라는 개념은 우선 생물학적인 현상을 의미한다. 죽음은 문화형태나 종교적 전통, 과학적 지식에 따라 다양하게 파악될 수 있으며 '영혼과 육체의 분리', '유기체를 특징짓는 신체 구조의 파괴' 혹은 '신체적 총체성의 상실'과 같은 여러 형태의 의미를 포함한다.

의학적으로 죽음이란 심장순환기의 재생 불가능 및 호흡의 정지와 더불어 중앙신경조직의 활동이 정지된 상태를 의미한다. 이어서 곧 모든 장기의 세포가 죽기 시작한다. 전통적으로 사망의 확인은 언제 심장순환기의 기능이 멈추었는가, 응급조치를 통한 소생이 불가능한가, 혹은 기존하는 사망의 조건이 되는 징표들을 의사가 확인하는 데 있다. 죽음을 확인하는 일은 예전에도 그리고 대부분의 경우 오늘날에도 여전히 비교적 간단하다. 왜냐하면 호흡과 심장박동의 정지를 실제의 사망시간과 동일시하였기 때문이다. 그런데 의학의 발전을 통해 뇌 이외 다른 기관들의 생명이 일정한 기간 동안 연장될 수 있게 됨으로써 중대한 문제가 현대의학에 발생했다.

(2) 뇌사란 무엇인가?

심장사를 판단하기 위해서는 특별한 지식이나 장비가 필요하지 않았지만 오늘날 뇌사상태를 판정하기 위해서는 고도의 전문지식을 쌓은 의료진을 필요로 하며 그나마 그 전문가들 사이에 서로 판정의 시비가 일지 않기 위해서는 비싼 첨단설비를 갖춘 병원을 필요로 한다.

뇌는 모든 의식적인 그리고 무의식적인 신체의 정보를 취급하는 중심부로 인격체로서의 인간존재의 전제조건일 뿐만 아니라 인간이라는 유기체의 생물학적인 조절체계이며 뇌가 없이는 전체로서의 유기체의 생명이 불가능하다.

뇌사 정의는 '대뇌·소뇌·뇌간의 모든 기능이 회복 불가능하게 상실됨'에 기초를 둔다. 즉 뇌사는 사고와 운동을 주관하는 대뇌와 균형감각을 담당하는 소뇌는 물론 대사기능을 맡고 있는 뇌간까지 손상되어 뇌기능이 완전히 손실된 상태로 심장이나 순환계통이 정상임에도 불구하고 측정할 수 있는 뇌기능의 정지를 인간의 죽음과 동일시하는 것을 말한다.

우리나라의 대한의학협회에서 마련한 뇌사판정 기준안[10]을 보면 외부자극에 전혀 반응이 없는 깊은 혼수상태, 호흡이 돌아오지 않는 자발적 호흡정지 상태, 뇌간의 반사기능 완전 소실상태 등 8개 기준을 뇌사로 정의하고 있다.

① 뇌사를 긍정하는 견해

뇌사를 긍정하는 견해인 뇌사설(Brain Death Theory)은 모든 뇌기능의 불가역적 상실 즉 뇌사에 이를 때 사람이 사망했다고 보는 것이다.[11] 현재 뇌사 개념에서는 개개의 기관과 장기조직이 더 이상 중앙에서 조정되지 않고 따라서 더 이상 전체로서 통합 될 수 없다는 사실을 통해 삶과 죽음의 경계

---

10) 1993년 – 의협, 뇌사에 관한 선언 선포, 뇌사판정기준안 확정.
1999년 – "장기 등 이식에 관한 법률" 제정 공포(1999.2.8.)(법률 제5858호).
2000년 – "장기 등 이식에 관한 법률" 효력 발생(2000.2.9).

11) 뇌사설에는 대뇌·소뇌·뇌간 모두가 종국적으로 기능을 상실한 상태를 뇌사로 보는 '전뇌사설'(全腦死說, Gesamthirntod), 호흡과 순환 그리고 대사기능 및 체온조절 등 기본적인 생명유지에 필수적인 기능을 관장하는 뇌간이 불가역적으로 기능을 상실한 상태를 뇌사로 보는 '뇌간사설'(腦幹死說, Hirnstammtod), 의식과 감각 및 사고 등을 담당하는 대뇌의 기능이 불가역적으로 상실한 상태를 뇌사로 보는 '대뇌사설'(大腦死說, GroBhirntod) 등이 있다. 영국, 호주 등 뇌간사설을 취하는 나라도 있으나, 전뇌사설이 가장 널리 인정되고 있으며, 우리의 장기이식법도 전뇌사를 뇌사개념으로 채택하고 있다.

를 긋는 것이다. 주체적으로 체험하며 반응하고 행동하는 인격체로서의 인간은 뇌사상태 이후에는 더 이상 존재하지 않는다고 본다.

② 뇌사를 부정하는 견해

뇌사 개념 반대자들은 죽음의 개념에 대해 의학적 경지에 입각해 윤리적 문제를 근거로 하여 이 세 가지 영역에서 이의를 제기한다.

첫째로 죽음의 개념에 대한 이의이다. 뇌사자는 죽은 사람이 아니라 죽어 가고 있는 사람이다. 이는 나머지 기관에 여전히 생명의 표시가 있다고 보기 때문에 그들은 죽음의 기준이 인간의 뇌라는 한 부분으로 제한될 수 없다고 주장한다.

둘째로 의학적인 견지에 입각한 이의이다. 뇌사 진단은 오진의 가능성이라는 위험을 포함하여 어쩌면 아직도 살아 있을 수도 있는 사람의 신체적 불가침성을 해치는 것으로 위법행위라고 비판한다. 인간의 판단에는 한계가 있을 수 있으며 실수도 나타날 수 있다. 만의하나 오판과 실수가 발생되면 곧 바로 살인행위로 직결되기 때문이다. 여기에 뇌사인정을 반대하는 기본적인 근거가 있다.

셋째로 윤리적 문제에 입각한 이의이다. 뇌사는 단지 실용적인 합의를 드러내는 인간의 죽음의 표시이며 궁극적으로 장기이식을 위한 이해타산에서 유래하기 때문에 이미 순수하지 못하다고 주장한다.

뇌사자, 사망한 자 모두에게 유보되어 있는 사람이라는 원천적 가치만큼 즉 인간의 존엄성에 훼손되지 않는 범위에서 이루어져야 한다는 말이다.

2) 장기이식의 윤리적 문제

이식(Transplantation)이란 신체의 조직이나 장기의 한 부분 또는 전부를 절제하여 자기 자신 또는 다른 개체의 체 표면이나 체내에 심어주는 것이다. 이에 따르면 장기이식은 신장이나 심장과 같은 장기를 한 개체에서 제거하여 그것을 다른 개체에게 심어주는 행위로 정의된다. 따라서 장기이식에는 세 가지 요소가 관련되어 있다. 첫째는 이식되는 장기이고, 두 번째는 그 장기의 공급자이며, 마지막은 그 장기의 수요자이다. 결국 장기이식의 물음은 이 세 요소와 상관하여 다루어질 수밖에 없다.

이식용 장기는 누구로부터 어떻게 얻어질까? 이식용 장기의 공급자에 따라 네 가지로 분류할 수 있다.

자가이식(Autograft) : 피부이식수술과 같이 나의신체 일부를 특정한 곳에서 다른 곳으로 이식하는 장기이식이다.
동종이식(Allograft) : 심장이식, 콩팥이식 등과 같이 사람과 사람 간에 이루어지는 장기이다.
이종이식(Xenograft) : 심장이나 간과 같은 신체기관은 하나를 떼어내면 곧바로 죽게 되기 때문에 우리는 동물로부터 장기를 적출하여 인간에게 이식하게 되는데 이를 가리켜 이종이식이라고 부른다.
인공장기(Artificial Organs) : 인간도 동물도 아닌 스테인리스 강철, 실리콘, 탄력섬유, 테플론 등의 재료를 이용하여 인공적으로 만든 장기를 이용할 수 있다.

(1) 동종이식의 윤리적 문제

동종이식은 한 사람의 장기를 다른 사람의 신체에 이식시키는 것으로 동종이식에서 수요와 공급이 심각한 불균형을 이루고 있기 때문에 일차적으로 문제가 되는 것은 장기의 공급문제이다. 장기이식이 필요한 환자들의 경우 그 대부분이 장기이식만이 생명보존의 유일한 의학적 처방이기 때문에 장기 공급의 필요성은 매우 절박하다. 하지만 필요하다고 해서 타인으로부터 장기를 강제로 빼앗을 수는 없다.

장기의 경우 수요가 공급을 초과하기 때문에 장기처분권이 허용된다면 그것은 어디까지나 개인이 갖는 것이므로 국가의 통제가 결코 쉽지 않을 것이다. 뿐만 아니라 장기는 생명과 관계되는 것이므로 그 거래가 인간의 이성에 근거하여 합리적으로 이루어지기 어렵다. 인간의 장기는 재생이 불가능하여 매매 후 장기 공급자에게 불행한 일이 발생할 경우 그 책임을 누가 지겠는가? 공급자는 생명을 무릅쓰고 일확천금을 꿈꿀 수가 있으며 수요자 역시 삶에의 집착으로 이성적인 판단을 내리기가 어렵기 때문이다.

(2) 이종이식의 윤리적 문제

이종이식이 가능하려면 동물로부터 필요한 장기를 취해야 한다. 그러면 우리는 동물로부터 장기를 마음대로 취해도 되는 것인가? 찬성론자들은 음식이나 의복을 위해 동물을 죽이는 것이 정당화되듯이 인간의 질병을 치료하는데 동물의 장기를 이용하는 것은 아무런 문제가 없다고 주장한다. 이는 오늘날 환경보호론자 혹은 동물애호가들이 주장하는 동물의 도덕적 권리와 정면으로 배치된다. 따라서 이종이식의 경우 동물도 도덕적 권리의 담지자가 될 수 있는가의 물음이 제기된다. 만약 동물이 권리의 담지자가 될 수 없다면 이는 인공장기와 유사하게 다루어질 수 있겠지만 만약 동물이 권리의 담지자가 될 수 있다면 이는 복잡한 윤리적 물음을 낳는다. 동물의 의사를 어떻게 알 수 있는가, 동물의 대리인은 누구인가 등의 물음이 그 대표적인 예이다.

(3) 인공장기의 윤리적 문제

인공장기는 다른 누구로부터 얻어지는 것이 아니라 인간에게 이식되는 하나의 의약품에 불과하기 때문에 장기기증자의 동의와 같은 도덕적 물음이 해당되지 않는다. 하지만 인공장기의 경우 인간 본성에 관한 근본적인 물음을 제기한다. 인공장기는 인간신체와 그 물리적 속성이 전혀 다른 물질로 이식된 장기로 인공장기는 인간에 대한 근본적인 관점을 바꾸어놓을 가능성이 있다. 예컨대 눈, 심장, 콩팥, 췌장 등 모두 인공장기로 대체된 인간도 그 이전과 동일한 정신활동을 할까? 인간의 상상을 넘어서는 의외의 정신적 기능을 지닐까?

어떤 이는 뇌가 대체되지 않는 한 동일한 정신활동을 할 것이며 따라서 동일한 인간이라 말할 수 있다고 주장할지도 모른다. 그러면 의술이 발달하여 뇌마저 '인공뇌'로 이식하게 되면 어떻게 될까? 정말로 우리는 이러한 사람도 인간이라 말할 수 있을까? 한 걸음 더 나아가 인공장기의술이 유전공학과 결합되면 완전히 새로운 인간에로의 개조가 가능할 것이다. 이렇게 개조된 인간이 참으로 행복할지 아니면 자연의 질서를 파괴함으로써 생태계에 새로운 이변이 일어날지 어느 누구도 예측할 수 없는 일이다.

3) 안락사에 관한 논쟁

현대의학 기술의 발달은 인간의 질병을 치료하고 생명을 살리는데 많은 기여를 해왔지만 이로 인해 고통스런 죽음이 무의미하게 연장되는 경우도 종종 생기게 되었다. 의사는 회복이 불가능한 말기 환자에게 항상 심폐소생술을 시행해야 하는가? 무의미한 인공호흡장치를 제거해 달라고 보호자가 요구해 올 때 의사는 과연 어떻게 해야 하는가? 극심한 고통 가운데 있는 말기 환자에게 모르핀을 치사량 주사하는 것은 사랑인가 아닌가? 존엄한 죽음을 맞기를 원하는 환자들의 '(고통 없이) 죽을 권리'에 대한 환자 스스로의 요구, 회복 가능성이 없는 환자의 가족이 겪게 되는 정신적 고통과 경제적 부담, 인구의 노령화와 더불어 병원에서 임종을 맞는 환자의 증가 등은 죽음의 방법과 시기를 둘러싼 사회적 문제를 야기하게 되었다.

(1) 안락사의 개념

현대적 의미의 안락사라는 용어는 1920년 칼 빈딩(Karl Binding)과 알프레드 호헤(Alfred Hoche)가 공저한 『무가치한 생명의 파괴에 대한 해제』(*The Release of the Destruction of Life Devoid Value*)라는 책에서 처음으로 사용하였다고 한다.

안락사는 영어로 'Euthansia'로 쓰고 그 어원은 헬라어에서 왔다. 여기서

'Eu'는 영어로 'good' 혹은 'easy'이며 'hansia'는 영어로 'death'이다. 따라서 합성적 의미는 좋은 죽음 혹은 쉬운 죽음이란 뜻으로 환자가 고통 없이 편안하게 죽음을 맞는 것을 의미한다. 현대에 와서는 사전에서 자비로운 죽음(mercy killing)으로 번역하고 있다.

그러나 오늘날에는 치유될 수 없는 질병으로 커다란 어려움을 겪고 있는 사람들의 고통을 덜어주기 위해 그를 죽음에 이르게 하는 것을 뜻하게 되어 안락사는 '회복의 가능성이 없는 말기 환자가 죽음 이외에는 고통을 이겨낼 방법이 없을 경우'를 전제로 하고 있다.

안락사를 적극적(능동적) 안락사와 소극적(수동적) 안락사로 나누기도 하고 자의적 안락사, 반자의적 안락사, 비자의적 안락사로 나누기도 한다.

① 적극적 안락사와 소극적 안락사

의사가 취하는 시술방법에 따라 적극적·소극적인 안락사 두 가지로 나눈다.

- '적극적' 혹은 '능동적 안락사'(AE: Active Euthanasia)는 지극히 심각한 통증에 시달리는 회복 가능성이 없는 환자에게 의사가 직접 약물을 투여하여 급속도로 죽음에 이르게 하는 것으로 좁은 의미의 안락사로 볼 수 있다.
- '소극적' 혹은 '수동적 안락사'(PE: Passive Euthanasia)는 환자에게 필요한 어떤 의학적 조치를 하지 않거나 인위적인 장치를 제거하여 방관함으로써 죽음에 이르게 한다.

② 자의적 안락사, 반자의적 안락사, 비자의적 안락사

환자가 원하는 의사에 따라서 자발적·무자발적·비자발적 안락사 세 가지로 분류된다.

- '자의적 안락사'(Voluntary Euthanasia)란 죽임을 당하는 환자 스스로가 자

신의 의사에 따라 수행되는 안락사의 유형이다. 당사자는 명령, 의뢰, 신청 같은 방식으로 안락사를 요청하거나 단지 소극적인 방식으로 안락사를 승인한다. 때로 자의적 안락사는 도움을 받는 자살과 구별하기 어렵다.

- '반자의적 안락사(비자발적·강제적 안락사)'(Involuntary Euthanasia)는 자신의 죽음에 동의할 수 있는 능력을 가진 사람을 죽음에 이르게 한다는 점에서는 자의적 안락사와 비슷하다. 그러나 당사자가 동의하지 않는다는 점에서 다르다. 환자가 죽기를 반대함에도 불구하고 시행될 때 강제적 안락사라고도 한다.
- '비자의적 안락사(무자발적)'(Nonvoluntary Euthanasia)는 반대로 환자가 자기의 의사표현을 할 수 없을 때 시행되는 것으로, 죽임을 당하는 당사자가 동의할 능력을 지니지 않아 동의표명이 불분명한 경우에 행해지는 안락사이다. 이 경우에 속하는 사람들은 신생아와 중증의 정신불구자, 노인성 치매로 인한 정신적 무능력자, 혼수상태에 빠져 의사소통이 불가능한 사람들이 있다.

③ 자비적 안락사, 존엄적 안락사

생존의 윤리성에 따라 자비적 안락사, 존엄적 안락사로 나눈다.

- '자비적 안락사(반고통사)'(Beneficient Euthanasia)란 인내하기 힘든 격렬한 아픔, 그것도 진정될 가능성이 없는 경우 이러한 육체적 고통을 지닌 인간 생명은 무의미한 존재이기 때문에 거부한다는 것이다. 즉 고통을 견디어 나가는 것이 일과에 전부가 되는 상태에서 생존이란 무의미하기 때문에 그 생명은 단축되는 것이 오히려 자비로운 행위라는 것이다.
- '존엄적 안락사(존엄사)'(Euthanasia with Dignity)란 비이성적인 인간생명은 무의미한 생존이기 때문에 이를 거부한다는 것이다. 존엄사에는 에이즈나 암과 같은 치명적인 질병으로 환자자신이 장래 인간다운 삶을 기대할 수 없다는 인식아래 본인의 요구로 그의 생명을 단축하게 하는 경우가 있으며 다른 하나는 뇌의 손상으로 인하여 의식이 회복될 수 없는 환자의 경우가 있는데 이 후자의 경우는 더 이상 이성적인 삶을 누릴 수 없기 때문에 인격의 존엄을 유지하기 위하여 환자본인의 승낙이 이미 그런 상태에 도달하기

전에 있었거나 혹은 없었더라도 환자의 추정적 승낙이나 또는 그 보호자의 사리에 합당한 진지한 요구에 의하여 죽음의 시기를 단축시키는 행위이다.

(2) 안락사에 대한 찬·반 논의

① 안락사 찬성 논거

첫째, 안락한 죽음이 환자의 인간존엄성을 실현하는 일이다. 환자의 입장에서 보면 계속되는 고통과 회복의 희망이 없는 병에 시달릴 때 자신의 생명을 끊는 것은 개인의 기본적 자유이고 자율적인 결단으로 '환자의 고통을 덜어주는 것'이 의사의 중요한 임무이므로 이것은 비윤리적인 행위가 아니며 안락사는 생명을 강제로 박탈하는 것이 아닌 인간다운 생명을 보호한다는 측면에서 오히려 생명의 존엄성을 더욱 확보할 수 있다는 주장이다.

둘째, 개인은 자신의 신체와 생명, 그리고 죽음에 관해 자기결정권을 지닌다. 흔히들 인간이 다른 동물들과는 달리 존중되어야 하는 이유 중 하나로 인간은 자신의 삶을 스스로 만들어 나갈 수 있는 자유를 가졌고 그러한 자유로운 의사 결정에 의하여 자신의 인생을 향유할 수 있다는 것이다. 한 개체로서의 인간에게 있어서 가장 중요한 실존적 문제는 삶과 죽음인데 인간은 어느 누구도 자신의 출생에 대한 자유를 가지고 있지 않다. 그런데 죽음의 결정에서도 자유는 존재하지 않는 것인가? 그렇다면 우리에게 남아있는 자유는 무엇인가?

셋째, 소생가망이 없는 환자의 불필요한 고통을 경감시킬 수 있다. 그들은 죽음을 선택할 자율성과 고통으로부터 해방될 권리가 개개인에게 있다는 점을 중요시하면서 환자의 소망을 존중하고 고통을 덜어주는 것 또한 의료행위가 추구해야 할 것이라고 말하고 있다. 불치의 병으로 고통 받고 있는 환자의 죽음은 불가피한 것이며 이 환자를 위하여 고통을 진정시키는 진통제 사용 이외에 다른 어떤 치료 방법이 없는 경우에는 그 고통과 비참함을 빨리 종식시킬수록 좋다는 것이다.

넷째, 생명을 인위적으로 연장시키는 것은 환자 자신뿐 아니라 가족, 의료진, 병원, 사회에도 부담을 주는 일이다. 불치의 병을 치료하는데 그의 가족들에게 정신적·경제적으로 큰 부담을 주고 막대한 의료비용은 그 환자의 가정과 재산을 파탄시킬 수도 있으므로 환자의 생명을 빨리 단축시키는 것은 자비로운 행위라고 본다.

다섯째, 인간 생명의 신성불가침보다 인간 삶의 질이 무엇보다 중요하다. 인공호흡기를 비롯한 생명유지 장치에 의존해 생명을 연장하고 있는 말기 중환자들의 삶의 질은 형편없이 낮다. 만약 인간생명이 신성불가침하다는 원칙을 내세워 우리가 이들로부터 품위 있는 죽음을 선택할 권리를 빼앗는다면 이는 매우 잘못된 것이다. 어떤 인간들의 삶의 질은 죽음보다도 못할 수 있고 그럴 경우 인간은 품위 있는 죽음을 선택할 수 있어야 한다는 것이다.

② 안락사 반대논거

첫째, 안락사 허용은 인간생명의 존엄성을 훼손하는 것으로 이는 인간이 신 노릇을 하는 것이다. 천하보다 귀한 생명을 필요에 따라 마음대로 다룰 권리가 인간에게는 없다. 임의로 자신과 타인의 죽음의 순간을 결정하려는 것은 존엄한 인간생명에 대한 도전이므로 안락사는 자살, 살인의 한 형태라고 할 수도 있다.

둘째, 안락사 허용은 의사들로 하여금 죽음에 임박한 환자를 돌보지 않고 방치하도록 하여 결국 생명경시풍조가 일어난다. 의사의 가장 기본적이며 고귀한 임무는 환자의 생명을 보호하고 치료하는 일인데 환자를 도와서 죽게 한다면 그 결과로 의사자신이 생명의 존엄성에 대하여 무감각하게 될 뿐만 아니라 그 사회 전체가 인간의 생명을 경시하는 풍토로 변화될 것이다.

셋째, 사회적으로 악용될 위험성이 있다. 안락사가 법적으로 허용된다면 결국 경제논리에 따라 신체·정신적 장애인은 물론 노인, 빈곤층에까지 병들었을 때 치료보다는 안락사가 손쉬운 해결책으로 남용될 우려가 있다. 심지어 살만한 가치가 없고 사회에 도움이 안 된다고 여겨지는 사람을 제거하는 수단으로 악용될 수도 있다

넷째, 가족관계를 파괴할 것이다. 안락사의 허용은 환자가 자신의 고통보다는 환자 가족과 사회의 고통 때문에 안락사를 결정하게 할 수도 있다. 환자의 고통이나 의생 가능성이 최우선적으로 고려되어야 함에도 불구하고 환자는 수많은 치료비를 감당할 수 없는 환자의 가족들의 피해를 최소화하기 위해서 경제적 부담을 덜기 위한 수단으로 죽음을 선택할 수도 있다. 자신이 가족들에게 짐이 된다고 생각하는 환자에게는 거부하기 힘든 압력으로 작용할 것이다.

다섯째, 생명 수호자인 의사에 대한 기본적 신뢰를 크게 훼손할 것이다. 안락사 허용은 의사를 환자의 생명을 지키는 자의 위치에서 사람을 죽이는 위치로 떨어뜨리게 된다. 의사가 자신을 죽일 수도 있다는 마음을 갖게 된다면 어느 환자도 의사에게 자신의 생명을 맡길 수는 없을 것이다. 의학과 의술은 생명종료가 아니라 생명을 구하는 데 그 목적이 있다.

여섯째, 현대의술의 발전을 저해할 수 있다. 불치병에 대한 의료계의 연구도 자칫 부실해질 가능성도 무시할 수 없다는 것이다. 강력한 진통제나 안정제 등 환자의 고통을 경감시킬 효과적 방법이 얼마든지 있고 또 불치병 환자나 임종을 앞둔 사람들에게 새로운 치료법이 발견되거나 기적이 일어날 수 있음에도 불구하고 안락사를 행하는 것은 경솔하고 지나친 행위이다.

비록 고통스러운 상황에 처해 있더라도 인간생명의 존엄성을 지켜야 한다는 의견과 인간은 자신의 생명과 운명의 주인이며 자신의 문제를 자발적으로 결정할 수 있어야 한다는 권리를 주장하는 의견이 있으나 귀중한 인간의 생명을 현실적인 편의와 부담을 줄이기 위해서 의도적으로 종식시킬 수 있는지는 깊이 숙고해야 할 윤리적인 과제이므로 안락사에 대한 모든 논의는 하여튼 이런 가능성을 신중하게 고려하지 않으면 안 될 것이다.

3) 인간복제

인간복제의 가능성과 게놈 연구의 성과는 과거에 우리가 가졌던 삶의 가치, 인간의 정체성, 인간의 존엄성 등에 대한 관념들에 변화를 일으키고 가치판단의 규범을 근본적으로 뒤흔들어 놓음으로써 윤리적 혼란과 혼동을 증가시키고 있다.

이러한 혼돈 속에서 우려되는 전개를 예방하고 그것을 조절할 수 있으려면 확고부동한 이성에 바탕을 둔 윤리적 규범을 통해 명석하고 합리적인 논거를 발전시켜나가야 한다. 유전공학연구의 인간적 정당성에 관해 제기되는 주제들은 대체로 배아나 개체복제행위가 인간의 존엄성을 해치는가 하는 인간정체성에 관한 것과 복제기술의 오·남용으로 발생할 수 있는 사회·윤리적인 문제와 우생학적 문제들에 대한 검토로 분류된다. 이러한 검토는 의무론적 윤리학과 벤담의 공리주의적 윤리학은 모두 이성과 논리에서 규범의 정당성을 찾으려 했다는 공통점을 갖는다. 이러한 윤리적 규범을 바탕으로 인간복제에 관한 찬반의 논쟁 그 자체를 통하여 '복제를 해야 한다, 해서는 안 된다.' 어느 한쪽을 비판하고 다른 한쪽의 입장을 고수하는 것이 아니라 그 응용이 개인과 사회에 널리 영향을 미칠 수 있기 때문에 두 가지 윤리적 관점에서 제기하는 문제들을 살펴보고 윤리적 차원에서 숙고해야 한다.

(1) 반대의 윤리적 논거 : 의무론적 관점

의무론적 윤리이론은 윤리적 판단을 위한 기초자료로서 응용되는 이론들로 전통적인 의미에서 몇 가지 중요한 가치를 둘러싸고 형성되어 왔다. 선천적인 의무에 기초한 행위가 산술적으로 계산된 행위보다 근원적으로 보다 윤리적이라는 의무론적 윤리(deontological ethics)는 행위의 결과보다는 행위의 동기를 중시한다. 임마누엘 칸트(Immanuel Kant)에 의해 제기된 이 윤리이론은 인간과 인간의 관계형식에 있어서 인간존재의 존엄성을 가장 고귀하게 이해할 수 있게 하였다. 인간생명은 산술적 계산에 의하여 숫자로 환산 될 수 없는 존재론적인 가치를 지니고 있다고 우리가 믿는 한 칸트의 윤리이론은 타당성을 가진다. 인간의 존엄성을 지키려는 동기에서 비롯된 모든 행위는 따라서 결과에 의하여 그 평가가 좌우되지 말아야 한다는 입장을 형성한다. 이러한 입장을 바탕으로 인간복제 반대논거의 근거를 이해하고 이러한 입장에서 우려하는 부분에는 어떤 것이 있는가 살펴본다.

① 인간을 복제하는 것은 비자연적인 것이다.

인간을 체세포 복제하거나 배아복제를 통하여 복제하는 행위는 자연의 이치에서 벗어난 비자연적인 행위이므로 윤리적으로 허용될 수 없다는 입장이다. 인위적인 생명창조는 자연스러운 가족관계를 붕괴시키고 태어난 아이에게는 부친 없는 세상에 태어나는 존재로 만드는 반인륜적인 행위로서 비난받아 마땅하다는 것이다. 이는 자녀가 부모를 가질 수 있는 권리가 근본적으로 박탈될 수 있으며 한 생명의 자기 동일성의 근거가 되는 혈통과 관계에 있어서 커다란 혼란이 일어나는 것이므로 인간의 자기정체성 뿐 아니라 오늘의 인간사회의 가장 기초적인 제도인 가정의 붕괴가 일어날 수밖에 없을 것이라는 예측에서 나온 입장이다.

② 인간복제는 개인의 가치를 떨어뜨리고 인간적인 삶의 존엄성을 훼손한다.

인간복제는 개인을 대체 가능한 존재로 생각하게 함으로써 우리가 인간의 삶에 부여해온 가치와 존엄성을 훼손한다는 것이다. 만일 인간복제를 일정한 사회 기능에 투입시키려는 의도로-유전연구 혹은 배아연구를 하기위해, 군인을 만들기 위해, 혹은 새로운 과할 엘리트를 양성하기 위해-인간을 복제하기 시작한다면 인간생명은 실제로 물건으로 다루어지고 존엄성이 손상될 것이다.

③ 인간복제는 상업적 이익을 얻는 목적으로 사용될 수 있다.

이는 인간의 생명창조의 원리를 공산품 생산의 원리와 방불하게 만들어 감으로써 인간 개체의 고유성과 존엄성을 해침으로써 인간을 복제하는 것이 인간을 사물처럼 다루는 것이라고 비난한다. 이미 인터넷상에 미모와 재능을 가진 사람들이 난자와 정자를 경매에 부치고 있는 것이 사실이다. 심지어 복제인간을 만들어 상업적 목적을 위한 생체실험 재료로 사용하는 끔찍한 일이 벌어질 수도 있다. 이것은 그들이 소유한 평등한 도덕적 가치와 존엄성을 근본적으로 침해할 것이다.

④ 인간복제는 인간관계의 혼란과 인간 개체성의 파괴를 야기할 것이다.

A 여자의 난세포에서 세포핵을 제거하고, B 남자의 체세포로부터 추출된 세포핵을 A의 난세포에 주입시켜 A 혹은 제3자인 C에게 임신시켜 태어난 인간이 바로 복제된 인간이다. 동일한 인간이 반복적으로 시간과 공간을 달리하여 태어난다면 그것은 인간의 고유성과 독자성에 커다란 훼손을 가져올 것이 틀림없다. 복제인간과 기존 사람과의 혼돈된 촌수관계로 사회의 질서가 파괴될 것이다.

⑤ 인류의 생존가능성을 감소시킬 우려가 있다.

인간 유전자풀(Gene pool)[12]의 다양성을 유지하는 것은 인간이 생존하기 위한 필요조건이다. 그런데 복제기술을 인간에게 적용하는 것은 인간 유전자풀의 다양성을 감소시키므로 인간복제는 인류의 생존가능성을 감소시키거나 적어도 증대시키지 못한다는 주장이다. 즉 정상적인 생식과정에서는 유전자의 교환으로 다양한 자손이 생기므로 환경적인 변화에 대하여 적응

12) 1951년 T, 도브잔스키가 제창, 주어진 시간 안에 번식 가능한 어떤 생물집단 속에 포함되어 있는 유전정보의 총량으로, 유전자풀은 어떤 집단에서 그 구성이 항상 평형을 유지하고 있는 경우를 말한다. 어떤 일방적 돌연변이가 우선적으로 일어나든지, 일반적인 도태가 일어나면 그 평형이 깨진다. 따라서 상당히 큰 집단이 아니면 유전자풀을 일정하게 유지할 수 없다.

하는 개체가 생겨나 종의 멸망을 막을 수 있으나 복제된 클론들은 획일적이어서 특정한 병에 민감할 경우 떼죽음 당할 확률이 높다.

⑥ 초기 단계에 있는 인간생명의 소중함을 저버리는 행위이다.

복제기술을 인간에게 적용하는 것은 곧 자의적으로 폐기하거나 미숙한 기술에 의해 생명을 잃는 수많은 '잠재적 인간'인 초기단계의 인간을 만들어 내는 것을 의미하므로 이를 허용할 수 없다는 주장이다. 돌리의 경우 한 생명을 복제하는 행위는 276개의 생명을 위험에 빠트리는 행위였을 뿐 아니라 176개의 개체 생명을 희생시킨 결과이기도 하다. 이 비판적 입장은 인간의 생명복제란 초기단계의 생명체를 소기의 목적을 위하여 안전성을 고려함 없이 심각한 위험에 빠트리는 행위를 배제할 수 없으므로 대량의 잠재적 인간이 초기 단계의 인간 배아(胚芽) 살해를 피할 수 없는 일이라고 비난하는 것이다.

⑦ 인간복제는 기존의 종교적 신념에 커다란 회의를 불러올 가능성이 높다.

다른 사람을 복제하는 사람은 손수 새로운 생명을 창조하는 것이며 따라서 신의 고유한 영역에 간섭하는 것이다. 이는 사회적으로 큰 불안감을 불러올지 모른다. 인간을 창조할 수 있는 유일한 존재인 신과 대등한 위치에 인간이 자리하게 된다는 점에서 그리고 복제된 인간은 어떤 전생을 가지는가에 대해서 기독교와 불교는 어려운 대답을 해야 된다.

(2) 찬성의 윤리적 논거 : 결과론적 관점

결과론적 윤리는 의무론적인 생명이해와 나란히 자리 잡고 있는 중요한 윤리이론으로 소위 결과론적인 윤리적 가치를 중시하는 공리주의(Utilitarianism)라고 볼 수 있다. 이 이론은 효용적 가치를 극대화함으로써 인간의 삶의 질을 높일 수 있다면 그것이 보다 선한 행위이며 책임적인 것이라고 주장한다.

① 자유주의의 기본원리인 타인위해(危害)의 원리 즉 개인에게 위임된 자유는 만약 개인이 그렇게 선택한다면 그리고 개인의 행위가 그다지 타인에게 심각한 피해를 끼치지 않는다면 그 개인이 인간복제를 자유롭게 사용하도록 놔둘 것을 요구한다. 이러한 주장은 자체적으로 볼 때 인간복제가 적어도 타인에게 유해한 것이 아닌 한 설득력을 갖게 될 것이다.

② 효용의 원리를 전제한 행위 공리주의적 입장에서 볼 때 인간복제는 기술의 사용으로 최대의 효용을 기대할 수 있어 개인적 또는 사회적으로 이익을 준다는 근거에서 정당화된다는 것이다.[13]

㉮ 인간복제는 일부 사람들이 현재 겪고 있는 불임이라는 고통을 덜어줄 새로운 수단이 된다.

㉯ 인간복제는 부부 중 한쪽이 심각한 유전병을 앓고 있을 때 그 병을 자손에게 물려줌이 없이 번식할 수 있게 해준다. 복제를 하면서 유전자의 조작 등을 통하여 유전적 질병을 막을 수 있다.

㉰ 인간배아복제 등의 연구결과로 얻을 수 있는 사회적 이익으로 각종 만성 질환을 치료할 수 있는 인체 대체조직을 추출해 낼 수 있다는 데 있다. 장기이식 측면에서 인간전체를 복제하는 것이 아니라 인간의 특정부분의 신체나 장기만을 복제하여 인간의 심장, 간, 콩팥, 뇌세포나 혹은 화상으로 손상된 피부세포를 생산해 낼 수 있다는 것이다.

㉱ 인간복제는 죽은 아이처럼 특별한 의미를 가진 누군가를 복제하도록 할 수 있다. 물론 죽은 아이와 똑같은 인간이 나오는 것은 불가능하다. 단지 유전자만 같을 뿐이다. 그럼에도 불구하고 나름의 만족감을 줄 수 있

13) 옳은 행위를 판별하기 위해서는 효용의 원리를 각 행위에 직접 적용시켜야 한다는, 즉 각 행위는 효용의 원리에 의해 직접 정당화될 수 있다는 견해.

다는 점에서 그들에게 이익이 될 것이다.

㉤ 사회적 유익을 위한 복제로서 인간복제는 위대한 재능, 천재성, 인격 등 귀감이 될 만한 품성을 지닌 개인을 복제하는 데 사용될 수 있다. 이는 모차르트, 아인슈타인, 간디, 슈바이처, 마틴 루터 킹과 같은 사회적 영향력이 긍정적으로 커서 인류의 역사를 빛낸 특출한 이들을 복제해냄으로써 사회적으로 이익이 될 것이다. 하지만 유전자가 같다고 해서 그러한 인간이 등장하는 것은 아니다.

㉥ 남녀 간 성비가 이상적으로 조화된 사회를 건설하는데 도움이 된다는 것이다. 인간복제를 통해 성비를 이상적으로 조절할 수 있을 뿐만 아니라 사회 각 분야에 알맞은 능력을 갖춘 필요한 만큼의 건강한 인원을 선별해서 계획적으로 복제할 수도 있다는 것이다.

제2장 환경과 공학윤리

1 | 환경윤리의 개념과 역사, 그리고 미래에 대한 의무

1) 환경윤리란 무엇인가?

사람들은 인간을 포함한 생명체 및 무생물의 자연에 대해 일정한 태도와 관계를 갖는다. 그것은 생명관 혹은 자연관이라는 말로 표현된다. 환경윤리는 생물학의 한 분야인 생태학에 관한 윤리학이 아니라 생태계의 위기, 환경파괴에 직면한 인류가 생명가치, 자연물의 가치를 고양할 수 있는 환경친화적이고, 생태지향적인 규범 설정 및 그 가능성과 타당성을 탐구하는 윤리학의 한 분야이다. 그러기 위해 기왕의 규범적 이론과 원칙을 확대하여 동물보호, 자연보호, 환경보호의 원칙을 세우고, 나아가서 올바른 환경 도덕적 의사결정을 위한 환경윤리교육의 이론적 토대를 만드는 새로운 연구영역이다.

환경윤리라는 단어는 요즈음 와서 너무나 흔하게 쓰이는 익숙한 용어가 되었다. 이는 사람들에게 환경위기에 대한 인식이 분명해졌으며 환경윤리가 중요한 철학의 문제로 자리 잡게 되었음을 의미한다. 그러나 지난 70년대 초반부터 시작된 환경윤리 연구는 그간의 무수한 논의에도 불구하고 그

범위와 한계를 분명히 하기에는 아직 많은 미해결의 문제가 남아있다. 이처럼 환경윤리가 정교한 학적체계를 갖추지 못한 이유는 생태, 환경문제를 단순히 철학적 사유 속에 포함시키기만 하면 되는 것이 아니라 철학이 기술과학, 사회-경제과학, 정치학 등 개별과학의 연구 성과를 총체적으로 결합하는 매우 복합적인 원칙과 이론을 필요로 한다.

2) 환경윤리의 역사

환경윤리라는 이름으로 미국에서 강좌가 개설된 것은 1970년대 초였다. 처음부터 응용윤리 혹은 실천윤리의 한 분야로 여겨졌던 환경윤리는 1960년대 대학 교과과정의 전면적인 개편 움직임과 함께 등장했다. 이를 계기로 진보적인 대학들이 앞다투어 이 강좌를 개설하면서 강의용 앤솔로지 형태의 아주 조잡한 환경윤리 교재들이 만들어지기 시작했다. 그것도 1970년대 초반이었다. 초창기에 출판된 앤솔로지들을 보면 환경오염에 대한 각 전문분야의 접근방식을 나열하는 식이었다. 이들 교재들은 환경문제에 대한 윤리학적 논의들을 다루기보다는 환경오염의 심각성을 알리고 보존을 계몽하는 환경교육 혹은 환경윤리교육에 초점을 맞추고 있다.

1970년대 중반이 되어서 본격적인 윤리학적 논의가 나타났으며 철학의 한 분과로 자리 잡았다. 교재도 교육용 문헌의 형식을 벗어나 학술적인 문헌으로 출판되기 시작했다. 그러나 내용을 보면 여전히 PPM, BOD 등 화학적, 생물학적 진단과 처방이거나 아니면 시적(詩的) 감성에 호소하여 환경파괴의 실태를 고발하는 것이 대부분이었다.

1970년대 초 환경윤리에 대한 전문적인 연구가 시작되었을 때 환경주의자들은 우선 자연권이론(rights theory of nature)을 입론(立論)하는 데 몰두했다. 잡지『환경윤리』를 중심으로 전개된 논쟁은 주로 이와 같은 자연권의 발전가능성 그리고 환경윤리의 동물권(animal rights)과의 관계라는 문제에 집중되었다. 그러나 자연권 연구는 대부분 형이상학적이고 은유적인 경향에 그칠 뿐 자연권의 소재(所在)를 이론화하는 데 실패했다. 왜냐하면 이들은 주로 개체의 이해관계의 보호에 초점을 맞추고 있는 자연권이론이 생태계 전체, 종 전반에 전체 이론적으로 적용될 때 부적절하며 해결 불가능한 문제를 파생 시킨다는 사실을 증명하지 못했을 뿐만 아니라 더욱이 환경적 관심은 동물권, 동물의 이익관심으로 환원될 수 없음이 분명해졌기 때문이다. 환경적 관심은 식물, 생태계, 생물 종 그리고 기타 생명이 있는 자연과 생명이 없는 자연 모두를 포괄해야 하기 때문에 환경윤리와 동물복지윤리(동물해방과 동물권)는 각기 딴 길을 갈 수 밖에 없었다.

3) 미래 세대에 대한 의무로서의 환경윤리

환경윤리는 현재 살아가고 있는 사람뿐만 아니라 아직 태어나지 않은 '미래세대에 대한 도덕적 의무'를 부과하고 있다. 즉 미래세대를 위한 현재 세대의 '의무의 근거와 그 본질'을 탐구한다. 이 문제는 미래세대는 어디까지, 얼마만큼 존속할 것이며, 그들에 대한 현존세대의 의무는 어디까지인가? 미래세대라 함은 오직 미래의 인간만을 염두에 두는 것인가? 미래의 인간이 우리와 똑같은 욕구와 필요를 갖춘 인간일까? 아직 존재하지 않는 것을 도덕적 실체로 간주하는 것은 타당한가? 등의 질문을 함축하고 있다. 사실 환경윤리가 문제가 되는 상황이란 현존세대의 필요와 복지뿐만 아니라 미래세대의 거의 비슷한 수준의 필요와 욕구(땅, 물, 공기, 지하자원, 자연경관)에 대한 의무감을 이미 전제하고 있다. '최소한의 도덕적 양심을 가진 공학인 이라면 아직 태어나지 않은(조만간 태어날) 자신의 손자가 환경파괴로 이 땅에서 살 수 없게 된다면 그는 당장 분명한 행동을 취하게 될 것이다.' 따라서 환경윤리학의 문제영역들은 완전히 독립된 것이 아니라 서로 연결되어 있다. 예컨대 미래세대의 존속을 보장하는 것이 현존세대의 '도덕적 의무'라고 할 때 단순히 미래인류의 생명만을 보장하는 것은 무의미하다. 왜냐하면 적어도 지금까지의 과학적 지식에 의하면 그들에게도 현존세대가 누리는 것과 비슷한 환경이 필요할 것이기 때문에 그들에게도 맑은 시냇물과 숲, 그리고 새들과 짐승들이 있어야 할 것이며 그것은 곧 인간 이외의 생명체와 무생물의 존재를 인정해야만 된다. 이처럼 미래세대에 대한 도덕적 의무는 종의 우선순위라는 문제와 도덕적 지위라는 문제와 연결된다.

2 | 공학과 환경문제

오늘날의 환경문제가 더욱 주목을 받게 된 것은 환경에 가한 변화가 스스로 균형을 이루어 나갈 수 있는 능력 이상으로 자연을 남용하고 파괴함으로 나타나게 되었기 때문이다. 공학은 자연생태에서 변화를 추구하여 새로운 제품이나 시스템을 만들게 되므로 환경과 밀접한 관계를 갖는다. 그래서 공학인은 환경과 복잡한 관계를 유지할 수밖에 없다. 공학인들에 의해 수행되는 프로젝트들은 많은 경우에 대기, 강물, 토양들을 오염시키는 유독한 화학물질을 발생시킨다. 또한 자연환경을 변화시켜 농토를 만들기도 하지만 때로는 습지를 마르게 하고 숲을 파괴하는 프로젝트들을 계획하기도 한다. 그러나 공학인은 살기 좋은 환경을 만들기 위하여 환경상태를 위협하는 요인들을 감소시키거나 제거하는 프로젝트들을 수행하기도 한다. 따라서 공학인들은 환경문제를 일으키는 동시에 문제된 환경을 해결하기도 한다.

1) 환경과 공학헌장

미국토목공학회(ASCE), 전기전자공학회(IEEE), 미국기계공학회(ASME)는 환경에 대해 공학헌장을 통해 직접적으로 언급을 하고 있다. 1977년 ASCE 강령은 공학인들은 삶의 질을 높이기 위해서 환경을 개선하도록 기여해야 한다는 조항을 최초로 포함하고 있는데 그 내용은 다음과 같다. 즉 "공학인들은 공공의 안전과 건강, 복지를 최우선으로 삼아야 하며 전문직 의무들의 이행에 있어 지속가능한 개발의 원칙을 따르도록 노력해야 한다." 1996년 개정된 이 헌장은 환경에 대해 보다 많이 언급하고 있다. 뿐만 아니라 이 법령 아래에서 아래와 같은 네 개의 진술들이 환경에 대한 공학인의 책임을 이야기 한다.

(1) 공공의 안전, 건강과 복지가 위험에 처하게 되거나 지속가능한 개발의 원칙이 무시되는 상황에서 공학인의 전문가적 판단이 번복되는 경우 공학인들은 그들의 고객이나 고용주들에게 가능한 결과들에 대해서 알려주어야 한다.
(2) 다른 사람이나 회사가 제1 법령의 어떤 조항을 위반해 있을지 모른다고 믿을만한 지식이나 이유를 가지고 있는 공학인들은 해당기관에 서면으로 정보를 제출하여야 하며 더 많은 정보나 도움의 제공요구에 대해 해당 기관과 협력해야 한다.
(3) 공학인들은 자신의 지역사회들의 안전과 건강과 복지의 발전과 지속가능한 개발을 실천함으로써 환경보호를 위해서 시민업무와 삶에서 건설적인 봉사를 하도록 추구해야 한다.
(4) 공학인들은 일반 공공의 삶의 질을 고양시키기 위해서 지속가능한 개발 원칙을 준수하여 환경을 개선하는 데 헌신하여야 한다.

그 헌장의 환경에 대한 조항은 우리가 필수(requirements)와 권장(recommendation)으로 언급할 두 가지 범주에 속하게 된다. "공학인들은 해야 한다(engineers shall)"는 표현을 사용함으로써 헌장은 공학인들에게 지속가능한 개발원칙을 준수하고, 지속가능한 개발원칙을 무시할 때 다가오는 가능한 결과에 대해 고객이나 고용주들에게 알려주어야 하고, 지속 가능한 개발원칙을 준수하지 못한 것에 관한 정보를 해당 기관에 지면으로 제시하여야 하며, 그 이상의 정보나 지원을 제공함에 있어 해당 기관과 협력해야 할 것으로 요구하고 있다. "공학인들은 해야 할 것이다"(engineers should) 라는 표현을 사용함으로써 헌장은 공학인들이 지속 가능한 개발원칙을 실천하여 환경보호를 위하여 일할 기회를 추구해야 하고, 일반 공공의 삶의 질을 고양시키기 위해서 지속가능한 개발 원칙을 준수함으로써 환경을 개선하는 데 헌신해야 한다고 권장하기도 한다.

일반적으로 헌장은 공학인들에게 그들이 하는 일에서 지속가능한 개발 원칙을 준수하고 그 원칙을 어기는 결과에 대해서 뿐만 아니라 그것을 어기는 사람에 대해서도 정보를 제공하도록 요구한다. 헌장은 또 공학인들은 환경을 보호하고 개선할 기회를 적극적으로 추구해야 한다고 권장하고 있다.

1990년에 개정된 IEEE헌장 역시 환경에 대해서 언급하고 있다. 그것의 첫 법령은 IEEE 회원들은 "공공의 안전, 건강과 복지에 부합하는 공학적 결정을 내림에 있어서 책임을 수용하고, 공중과 환경에 위험을 줄 수 있는 요소들을 즉시 알려야 한다"고 하고 있다. 그런데 IEEE 회원들은 일반 사람들과 환경에 가능한 위험을 단지 '알리도록' 요구받고 있을 뿐이다. 그러한 위험은 직속상관에게만 알려야 하는가? 만약 그 상관이 문제의 일부라면 어떻게 되는가? 공학인은 환경에 대한 위험에 대해 내부적 치유가 없는 것처럼 보인다면 그의 조직 외부에 있는 사람들에게 알려야만 하는가? 공학인은 전문가로서 환경의 관점에서 강한 반대를 가지는 프로젝트에 참여하기를 거부할 어떤 권리를 가지는가? 이러한 질문들은 다루어지지 못한다.

그리하여 2003년 미국화학공학회는 환경에 대한 언급을 포함시키도록 협회의 윤리헌장을 개정했다. 그 헌장의 첫 번째 사항은 회원들은 "그들의 전문가적 의무를 수행함에 있어서 공공의 안전, 건강과 복지를 최상으로 하고 환경을 보호해야 한다"고 말하고 있다.

2) 환경과 공학윤리헌장

공학윤리헌장들에 의하면 공학인의 업무수행에 있어서 환경보전개발을 필수적으로 요구하고 있다. 여기서 환경보전은 현재의 요구를 맞추기 위한 시설이나 개발이 인간 행동의 영향을 흡수하는 자연시스템의 능력을 손상시키지 않고 미래세대에 필요한 자연환경을 보전하는 것을 말한다. 한편 개발은 현재의 요구와 열망을 맞추기 위한 경제적이고 기술적인 행위를 말한다. 그러므로 공학인들의 책임은 자연자원을 보존하고 자연을 보호하는 기술을 개발하는 것이다. 나아가 공학인들은 환경보전개발을 친환경적인 기술의 개발을 뛰어넘는 정치적이고 사회적이며 도덕적 차원으로 승화시켜야 한다.

* 인간은 자연과 조화를 이루어 건강하고 생산적인 삶을 향유할 수 있어야 한다.
* 각 나라는 자기나라에서의 활동이 다른 나라나 외부 지역 환경에 피해를 주지 않도록 할 책임이 있다.
* 발전은 지금의 세대와 다음세대의 요구를 공평하게 충족시킬 수 있도록 이루어져야 한다.
* 지속 가능한 발전을 이루려면 환경보호와 발전과정을 분리시켜 생각해서는 안 된다.
* 모든 나라는 지구생태계의 건강과 완전성을 보호하고 회복시키기 위하여 범세계적인 동반자의 정신으로 서로 협력해야 한다.
* 모든 나라는 지속 불가능한 소비를 줄이도록 노력해야 한다.
* 모든 나라는 시민들에게 환경문제에 관한 정보를 널리 제공함으로써 환경에 대한 공공의 인식을 높이고 환경보호활동에의 참여를 촉진시켜야 한다.
* 모든 나라는 환경법규를 제정해야 한다.
* 모든 나라는 환경보호를 위한 예방 조치를 널리 실시해야 한다.
* 여성은 환경관리 및 발전에 있어 중대한 역할을 수행한다. 따라서 지속적인 발전을 위해서는 여성의 적극적인 참여가 필요하다.
* 지속가능한 발전을 성취하고 모두 이 밝은 미래를 보장하기 위해서는 전세계 청소년들의 독창성, 이상, 그리고 용기를 결집시켜 그들이 범세계적 동반자의 관계를 이룩하도록 도와야 한다.

3) 환경윤리와 인간중심주의

앞에서 본 것처럼 네 개의 헌장들만이 공학인이 환경문제에 관심을 갖도록 하고 있고 또 그 헌장이 본질적인 가치를 자연 대상에 귀속시키고 있다는 증거는 많지 않다. 현대에 이르기까지 환경을 생각하는 입장은 철저하게 인간을 중심으로 이루어져 왔다.

오늘날엔 인간 이외의 세계를 보호하려는 운동을 두 부분으로 나누는 경향이 있는데 동물해방운동과 환경운동이다. 점점 더 이 두 운동들은 각자 다른 길을 갔고 때때로 그들은 서로 공통적인 목적에서 일할 수 있다. 예를 들면 산불은 종종 자연적인 수단에 의해 야기되고 때때로 식물의 삶에 좋은 결과를 가져올 수도 있지만 동물들의 생활에는 매우 치명적이다. 그러한 상황에서 동물해방 운동가들은 다른 환경운동 그룹과 적대적인 관계에 있게 될 수 있다. 환경운동은 동물해방운동보다는 공학윤리에 많은 관계가 있다. 그럼에도 불구하고 두 가지 운동들에서 공통적인 요소들과 몇몇 차이점을 고찰해보는 것이 유익하다.

동물해방운동과 환경운동에서 공통적인 요소는 서구윤리에서 현저한 인간중심적 지향의 거부이다. 인간중심의 윤리는 단지 인간만이 도덕적으로 고려할 가치가 있다는 것이다. 즉 인간만이 본질적인 가치를 가진다고 주장한다. 인간 이외의 대상들은 인간의 복지에 기여할 때만 가치를 지닌다. 탈(脫)인간중심적 윤리는 적어도 인간과 다른 어떤 자연 대상들 즉 동물과 식물, 그리고 아마도 강과 산같이 생명이 없는 몇몇 자연적인 대상들도 본질적인 가치를 가진다고 주장한다.

대부분 서구의 도덕철학들은 일차적으로-심지어는 배타적으로-인간 존재에 초점을 맞춘다. 인간이 아닌 동물들이나 식물들 그리고 생명이 없는 세계는 단지 인간의 공리를 증진하는 필요한 수단이거나 사람에 해당하는 관심인 한에 있어서만 고려되어야 하는 것이다. 그러한 인간중심주의에 대한 가장 중요한 도전들 중의 하나는 몇 가지 형태의 공리주의에 기초를 두고 있는 것이다. 적어도 인간이 아닌 몇몇 동물들에 대한 관심이 어떻게 공리주의 사고방식으로부터 도출될 수 있는지를 보는 것은 쉬운 일이다. 공리주의자들에게는 행복이나 복지는 다른 여러 가지 중에서 즐거움의 경험이나 고통의 회피를 포함한다. 동물들이 즐거움과 고통을 경험할 수 있다는 사실을 부인할 사람은 거의 없다. 그렇다면 왜 인간의 즐거움이나 고통만이 도덕적으로 숙고할 만한 것인가? 우리는 이 제한에 대한 인간중심적인 입장 그 자체와 다른 어떤 이유를 줄 수 있는가? 만약 우리가 할 수 없다면 오직 인간이란 종에만 도덕적인 관심을 제한하는 것은 공리주의자의 관점에서는 자의적이고 근거가 지워져 있지 않다.

동물의 복지를 보호하는 공리주의 옹호자인 피터 싱어(Peter Singer)는 서구 윤리의 인간중심적인 사상을 인간 이외의 동물들을 윤리적으로 고려할 만한 순위에서 제외하는 관점인 종차별주의(speciesism)로 돌렸다. 인종주의, 성차별주의, 종차별주의와 같은 것은 자의적·도덕적으로 정당화될 수 없다고 싱어는 믿는다. 싱어는 인간의 이해관계가 인간 이외의 동물보다 종종 정당하게 더 중요하다는 것을 부인하지 않는다. 결국 인간은 더 큰 자의식과 미래를 예측하는 능력 때문에 더 강렬한 고난을 겪을 수 있는 역량을 가질 수 있다. 그러나 만약 인간과 동물의 고통이 정말로 강렬함에 있어 동일하다면 인간의 고통이 동물의 고통보다 더 많이 고려할 가치가 있는 것은 아니다.

동물해방운동은 공학윤리와도 몇 가지 관련성을 가진다. 공학 프로젝트들은 때때로 동물들의 거주지와 삶을 파괴하며, 공학인에 의해 개발된 제품들은 때때로 비인간적인 방법으로 동물에게 시험된다. 그러한 상황에서 공학인들은 인간이 아닌 동물을 향한 적절한 태도에 대한 도덕적인 결정을 하도록 강요될 것이다.

한편 환경운동은 공학 전문성과 더욱 많이 관련된다. 가장 넓은 측면에서 환경운동은 생물 공동체(biotic community)라고 불리는 것을 형성하는, 자연 세계의 생물적 측면과 비생물적 측면과 관련되어 있다. 많은 환경주의 제안자에 따르면 현시대의 기술적으로 진보된 문명은 생물 공동체에 대한 대량 공격이라는 데에서 유죄이다. 특히 서구사회는 자연을 수동적인 것으로 따라서 인간이 조종하고 통제하기에 적합한 대상으로서 생각하는 경향을 보여 왔다.

많은 환경운동 제안자들의 생각은 우리는 사물과 도덕적 행위자 사이의 전통적인 구별을 더 넓은 관점으로 대체해야만 한다는 것인데 그 견해에 따르면 자연이나 땅을 인간들이 적합하게 여기는 모든 방법으로 사용할 수 있는 단순한 넓은 공간으로 취급하는 것은 잘못이다. 자연을 우리에게 속한 어떤 것이기 보다 우리가 속한 어떤 것으로서 해석해야 한다.

비록 인간 이외의 존재들이 본래의 가치를 가진다는 넓게 퍼져 있는 믿음이 최근의 환경적 사고로부터 나왔다 할지라도 도덕적으로 고려될 만한 존재들의 군(群)이 어디까지 확대되어야 하는가에 대해서는 의견이 일치하지 않는다. 그러나 우리가 정확히 자연세계의 어떤 부분들이 고유의 가치를 가지는가 하는 질문을 해결할 필요는 없다. 단지 환경에 대한 관심이 인간의 복지와 그것의 연결방식에 의해서 정당화 될 수 있다는 것을 지적하는 것만으로 충분하다.

4) 환경에 대한 공학인의 의무범위

공학인들은 인간의 건강을 위협하는 환경의 요소들에 대한 관심을 확장시켜야 한다. 공학인들은 환경을 개선할 뿐만 아니라 오염을 제거시키는 기술을 개발하는 전문가이기 때문에 그들은 먼저 환경을 보호하기 위한 전문직업인의 의무를 가져야 한다. 왜냐하면 실제로 공학인들은 농토와 자연상태의 강을 범람케 하는 댐을 설계하거나 공기와 물을 오염시키는 화학공장을 설계하기도 한다. 또한 댐 건설이 필요한 수력발전 프로젝트를 태양열에너지 시스템으로 바꾸거나 화학공장에서 배출되는 오염물질을 최소화 할 수 있는 오염제어시스템을 설계하기도 한다. 이와 같이 공학인들은 그들의 업무가 환경에 영향을 미치고 있다는 것을 잘 알고 있다.

만약 공학인들이 환경에 영향을 미치는 문제들에 양심적인 책임을 져야 한다면 그들은 역시 환경을 훼손하지 않고 지킬 전문가로서 의무가 요구된다. 또한 공학전문성은 환경에 대한 존엄성을 가진 우리의 태도나 행동에 유익한 충격을 줄지도 모른다. 무엇보다도 공학인들은 사실상 환경에 영향을 미치는 모든 프로젝트들에 주요한 참여자들이다.

그러므로 공학인들이 환경을 지키기 위해서 전문공학기술의 적용에 앞서 인간의 건강에 직접적으로 관련된 환경문제는 물론이고 인간의 건강에 직접적으로 관련되지 않는 환경문제에도 적극적인 관심을 기울여야 한다. 공학인이 환경문제에 적극적으로 대처하기 위한 두 가지 방안에 대하여 생각해 보기로 한다.

(1) 공학기술의 적용이 환경에 어떤 영향을 미치는가에 대한 판단은 공학적 지식의 한계를 벗어나므로 환경과 관련된 전문가들의 도움을 받도록 해야 한다. 그런데 공학인들이 공학영역을 벗어난 범위에서 판단을 한다면 비평가들은 "자신의 전문영역을 벗어남으로써 전문공학인의 책임을 위반했다"고 공학인들을 비난할 수도 있다. 왜냐하면 NSPE 윤리헌장에는 "공학인들은 자신의 능력 범위에서만 일을 해야 한다" 라는 조문이 있기 때문이다.

(2) 공학기술 실행에서 환경보호를 위한 보다 책임 있는 공학인의 자세는 환경기술 혹은 청정생산기술을 새로운 프로젝트의 내용에 반드시 포함하는 것이다. 결국 진정한 공학인의 목표는 자연파괴자가 아니라 자연 환경의 수호자여야 한다. 공학인은 인간의 건강과 안녕을 도모해야 하는 의무를 가지는 것만이 아니고 자연 생태계를 보호해야 하는 의무를 동시에 가지고 있다. 순수한 전문직업인으로서의 입장과 윤리적인 입장과의 양쪽 모두에 대해 그러한 의무를 가지는 사람이어야 한다. 공학인의 활동이 환경에 중대한 영향을 줄 가능성을 가지고 있는 반면 환경이 장차 시행하려는 여러 프로젝트들에 중대한 영향을 준다고 하는 것을 분명히 이해하게 되었다. 그러므로 환경 문제와 같이 기술적이 아닌 문제도 기술적인 문제처럼

진지하고 올바르게 평가해야 한다. 또한 자연 생태계를 그대로 보호하고 유지하는 것이 현재와 미래의 세대에게 유익한 것이라는 인식을 확고히 해야 한다.

3 환경문제를 바라보는 두 시각

1) 기술결정론

근대 이후 인간은 인간의 의지대로 능력에 따라 환경을 변화시킬 수 있으며 이를 위한 기술의 진보와 인류의 진보는 조화를 이룰 수 있으리라는 낙관적인 신념을 갖고 있었다. 인간 중심주의적 환경론은 이러한 신념에 바탕을 두고 환경문제의 해결책을 찾으려 한다. 물론 인간 중심주의적 환경론이라고 해서 환경문제를 무시하거나 환경오염을 정당화하는 것은 아니다. 이들도 마찬가지로 환경이라는 인간의 보금자리를 망치지 않도록 주의해야 한다고 보고 있다. 다만 환경문제는 경제성장의 과정에서 환경문제를 적절하게 고려하지 않은 까닭에 이러한 분야의 과학기술이 상대적으로 발달하지 못한 데 그 원인이 있다고 보는 것이다.

이처럼 인간 중심주의적 환경론은 과학기술의 발달이 오늘날의 환경문제를 낳았다고 해도 그것은 과학기술의 포기가 아니라 과학기술을 더욱 발전시키고 폭넓게 사용함으로써 극복할 수 있다며 환경문제의 해결에 낙관적인 태도를 보이고 있다. 곧 과학기술 그 자체는 환경파괴와 아무런 직접적인 관련이 없으며 인간은 환경오염을 기술의 발달을 통해 얼마든지 해결해 나갈 수 있다는 것이다. 결국 환경오염을 근본적으로 일으키지 않는 과학기술 그리고 이미 발생한 오염물질을 처리할 수 있는 과학기술을 더욱 발달시키기만 한다면 인간은 자신의 목적에 따라 자연을 적절히 조절해 나갈 수 있다는 것이다.

이러한 인간 중심주의적 환경론은 과학기술의 발달과 경제성장은 인류가 포기할 수 없는 지향이라는 믿음에 뿌리를 두고 있다. 그러나 이러한 인간 중심주의적 환경론은 과학기술의 미래를 지나치게 낙관하고 있으며 오늘날 인류가 맞이하고 있는 환경문제의 심각함을 제대로 인식하지 못하고 있다는 비판을 받고 있다.

그 비판의 내용을 살펴보면 과학기술의 발달로 지금까지 나타난 환경문제를 극복할 수 있다고 해도 그것이 예상하지 못했던 또 다른 문제를 일으킬 수도 있다는 것이다.

그리고 과학기술이 가치중립적이며 초월적이라는 주장은 "누가 왜, 무슨 목적을 가지고 과학기술을 쓰는가?"라는 문제가 매우 중요하게 나타나고 있는 현실에 비추어 올바르지 않다는 것이다. 곧 과학기술을 소유하고 그 내용을 규정하고 있는 사회체계의 문제를 빠뜨리고는 환경문제의 해결책을 제대로 찾을 수 없다는 것이다. 예컨대 아무리 오염방지 시설이 완벽하다 하더라도 이윤의 극대화를 목표로 하는 기업들은 오염방지 비용의 부담을 피하려 할 것이고 많은 기업들은 오염 물질을 배출해도 처벌보다 이익이 많으면 차라리 처벌을 무릅쓸 것이라는 지적이다. 또한 새로운 기술개발이 또 다른 환경오염을 불러일으켜도 그것이 법으로 규제되지 않는 상황에서는 얼마든지 환경을 오염시키도록 유혹받게 될 것이며 따라서 환경문제는 결코 기술적인 방법으로는 해결할 수 없다는 것이다.

2) 사회결정론

인간 중심주의(기술주의적) 환경론과는 반대로 현재의 환경문제가 전적으로 과학기술의 전개에서 비롯되었다는 주장도 있다. 가령 생태계의 입장에서 볼 때 과학기술은 그 이용방식 및 발전방향은 물론이고 그 내용까지도 파괴적이고 따라서 반생태적이라는 것이다. 이런 주장을 생태주의라고 한다. 생태주의는 인간을 생태계의 일부로서 생태계의 법칙에 종속된 존재로 보는 사고방식을 가리킨다. 이에 따르면 인간이 자연에 필수적인 존재가 아님에 반해 자연은 인간에게 필수적인 존재라는 것이다. 이러한 생명 중심에 입각한 환경론자들은 과학기술이 선사한 경제성장과 물질풍요를 신뢰하지 않으며 오히려 과학기술이 오늘날 환경파괴의 주범이어서 결국은 인간의 소외와 정신적 빈곤을 불러일으킨다고 보고 있다.

그래서 이들은 환경문제가 기술진보의 우연한 부산물이 아니라 생산성을 늘리기 위해 고도의 기술을 지속적으로 강화하는 성장과 확대에 사로잡힌 경제 조직의 본연의 양태로 보는 것이다. 따라서 생명 중심주의적 환경론은 철저히 반인간 중심주의적 성격을 갖는다. 따라서 생명 중심주의적 환경론은 인간 중심적 환경론과는 달리 성장의 제한 곧 생산력 발전의 생태학적 한계를 부각시키면서 생태학적 탈산업화를 주장하고 있다. 곧 생명 중심주의자들은 오늘날의 환경문제는 산업화와 과학기술 그 자체에 원인이 있다고 보고 있다. 지금까지 과학기술의 발전을 바탕으로 이룩한 경제개발은 환경을 지속적으로 악화시킨 반생태적 성장이었으며 그것은 물질 만능주의를 조장하면서 환경을 더욱 파괴하는 방향으로 나아가고 있다는 것이다. 따라서 생명 중심주의자들은 환경문제를 해결하기 위해서는 경제성장보다는 자연 생태계의 보존과 회복에 중점을 두어야 하고 이를 위해 물질주의적 가치관을 수정해야 한다고 주장한다.

그러나 생명 중심주의적 환경론은 생태계의 조화의 질서를 강조한다는 점에서는 큰 의의가 있지만 과학기술에 대한 지나친 혐오감에 근거한 나머지 신비주의와 이상주의에 빠지고 있다는 비판을 받고 있다. 과학기술이 환경문제와 관련을 갖고 있다는 점을 인정한다 해도 거기에서 곧바로 현대의 과학기술 자체를 폐기하고 탈산업화 사회를 지향해야 한다는 주장이 성립하는 것은 아니라는 것이다. 곧 과학기술이 환경파괴의 주요인이라는 점을 인정한다고 해도 과학기술이 환경문제의 해결에 긍정적으로 작용할 수 있는 현실적 가능성을 찾아 개발하는 것은 중요한 일이라 할 수 있는 것이다.

제3장 컴퓨터와 공학윤리

1 프라이버시 침해

컴퓨터에 관련되는 프라이버시의 개념에 관한 생각을 이해하는 좋은 방법은 내 이웃과 내가 우리의 뒤뜰 사이에 세울 수 있는 프라이버시 방벽(privacy fence)을 생각하는 것이다. 이 방벽은 그가 나의 뜰을 보지 못하게 하고 내가 그의 뜰을 보지 못한다. 우리는 이런 종류의 프라이버시를 내가 내 이웃의 뒤뜰을 봄으로써 얻을 수 있는 나의 이웃에 관한 정보를 얻지 못하게 하고 그에 대한 같은 정보를 얻지 못하게 하기 때문에 정보 프라이버시(informational privacy)라고 불러도 될 것이다.

정보 프라이버시는 다른 사람이 우리가 선호하는, 그들이 가지고 있지 않은 우리에 관한 정보를 얻을 때 침해받을 수 있다. 컴퓨터 기술은 우리의 소득, 구매하는 습관 그리고 아마도 정치적·종교적 그리고 성적 취향 같은 더 사적인 특징들에 관한 데이터베이스의 구성을 위한 수단의 역할을 함으로써 우리의 정보 프라이버시를 침해할 수 있다.

프라이버시 방벽은 다른 목적에도 도움이 된다. 그것은 내 이웃의 개가 나의 뜰에서 뛰어 노는 것이나 내 개가 이웃의 뜰에서 노는 것을 막고, 그리고 그것은 역시 적어도 그의 뜰에서 나는 소리가 나의 뜰로 넘어오는 것을 막고, 그의 뜰에서 나는 소리가 내 뜰로 오는 것을 막으며, 내 뜰에서 나는 소리가 이웃의 뜰로 가는 것을 막는데 도움을 준다. 이것을 물리적 프라이버시(physical privacy)라고 부르자. 왜냐하면 그것은 나의 재산과 그의 재산 사이의 경계를 넘어가는 물리적인 어떤 것(개 혹은 음파들)의 움직임을 포함하기 때문이다. 물리적 프라이버시는 나의(혹은 그의) 물리적 공간의 침해에 의해 방해를 받을 수 있다. 물리적 프라이버시의 침해의 가장 명백한 예는 원하지 않는 접촉 혹은 강간 같은 육체적 흠 없는 상태의 침해이다. 원하지 않은 전화 간청(telephone solicitation)도 물리적 프라이버시의 침해의 한 형태이다. 어떤 사람에게 원하지 않은 쿠키(cookie) 혹은 스팸을 보내는 것도 역시 물리적 프라이버시의 침해다.

프라이버시의 두 개의 다른 개념들은 컴퓨팅 기술과는 관련이 적지만 어떤 경우에는 적절할 수도 있다. 의사결정적 프라이버시(decisional privacy)는 사람의 정치적·종교적 신념들과 실천들 혹은 성적 취향 같은 쟁점들에 대한 결정을 하는 데 있어서 정부 혹은 다른 외부 간섭으로부터의 자유이다. 개인들의 활동을 감시하기 위하여 컴퓨터를 사용하는 것은 때때로 그들의 개인적 생활과 관련되는 결정들을 억누르는데 사용될 수 있다. 소유권 프라이버시(proprietary privacy)는 자신의 이름, 사진 혹은 자신의 정체성의 다른 측면들을 통제할 수 있는 능력이다. 컴퓨터는 신분위장절도에 사용될 때 소유권 프라이버시의 침해를 조장한다.

2 | 사익과 공익

도덕적 이론들은 프라이버시에 관하여 제기되어 왔던 도덕적 논의들을 분류하는 가장 유용한 방법을 제공한다. 우리의 프라이버시를 보호하는 경계를 넘는 다른 사람의 능력을 제한하기 위한 가장 강한 몇몇 논의들은 인간 존중의 전통으로부터 나온다. 프라이버시에 있어 우리의 관심은 다른 사람들에게 우리가 접근 가능한 정도에 대한 관심과 관련되어 있다.

즉 우리가 다른 사람들에게 알려진 정도, 다른 사람들이 우리에게 물리적으로 접근할 수 있는 정도 그리고 우리가 다른 사람들의 주목의 대상이 되는 정도와 관련되어 있다. 우리는 일반적으로 우리의 회계사나 또는 우리의 주치의에게 갖는 친밀성과 같은 정도로 가게 점원과의 친밀성을 갖지 않는다. 그리고 우리는 우리의 배우자와 갖는 친밀한 정도와 동일한 정도로 우리의 회계사나 의사와 친밀성을 갖지 않는다.

컴퓨터는 우리에 관한 정보를 통제할 수 있고 그것을 다른 사람에게 줄 수 있다. 또는 단순히 무차별적으로 거의 모두에게 유용한 우리에 관한 정보를 만들어낼 수 있다. 비록 이러한 정보는 설사 있다 하더라도 우리가 우리의 배우자와 같은 가장 가까운 사람들에게 가지는 친밀성은 거의 재생산할 수 없다 하더라도 그것은 단지 우리의 가장 친한 친구들만이 갖기를 원하는 정도의 정보를 비교적 낯선 사람들에게 줄 수 있다.

개인들의 도덕적 행위를 존중한다는 것은 또한 그들의 정치적 권리가 존중되어야 할 것을 요구한다. 유죄로 입증될 때까지는 무죄로 추정된다는 권리를 포함해서 말이다.

그러나 정보를 수집하는 데 연루된 가치들을 가리키는 몇 가지 공리주의적인 주장들이 있다. 나쁜 신용 위험도로부터 좋은 신용 위험도를 구별하는 신용 기록들이 있기 때문에 우리들은 신용 카드를 사용할 수 있다. 연방수사국(FBI)은 미국에 있는 1억9천5백만 범죄자의 이력 기록을 하나의 데이터베이스에 결합시키는 국가의 전산화된 범죄 조회 시스템을 제안했다. 그 시스템은 의심할 여지없이 형사법 제도를 도와줄 것이다.

3 중립적 방안

컴퓨터와 프라이버시의 쟁점은 가치들의 충돌을 나타낸다. 데이터를 수집하고 연결하는 컴퓨터의 능력은 공공에게 중대한 유익을 제공할 수 있다. 하지만 사람들은 자신들의 동의 없이 프라이버시를 침해당할 때 불안해하게 된다. 그래서 전산화 된 데이터베이스의 사용들은 중요한 가치들 특히 개인의 도덕적 행위를 존중하는 것과 연관된 가치들을 위반하려는 분명한 잠재성을 갖고 있다. 프라이버시 개념의 본질은 도덕적 행위자들이 자신들의 동의 없이는 침투에 무리 없이 잘 견뎌야 하는 프라이버시 방벽에 의해 보호되고 있거나 보호되어야만 한다는 것이다.

이 경우 상충하는 가치들을 정당하게 다룰 수 있는 중립적 방안을 발견하는 것이 가능한가? 우리는 컴퓨터 데이터베이스의 유용성을 프라이버시의 적절한 보호와 어떻게 결합시키는가? 가장 초기의 그리고 큰 전산화된 데이터베이스의 창조를 제한하려는 여전히 가장 중요한 시도는 1974년에 미국의회에 의해 통과된 프라이버시 법령이다. 프라이버시 법령에 있는 일부 고려사항들을 반영하는 그리고 중립적 해결책을 찾으려는 시도로 보이는 접근은 공정한 정보 실천(fair information practices)을 위한 일련의 지침들이다. 이 지침들은 다음의 규정들을 포함한다.

* 개인적인 정보를 포함하는 데이터베이스의 존재는 공적으로 알려진 사실이 되어야 한다.
* 개인적 정보는 한정된, 특수한 목적들을 위해서 수집되어야 하고 그것의 수집을 위한 일차적 목적과 일치하거나 유사한 방식으로만 사용되어야 한다.
* 개인적 정보는 그 정보가 수집되는 개인들 혹은 그들의 법적 대리인의 동의와 함께 수집되어야 한다.
* 개인적 정보는 그 정보가 수집되는 사람들에게 통지하거나 동의 없이 제3자와 공유해서는 안 된다.
* 정확성을 보증하기 위하여 정보의 저장 기간은 제한되어야 하며 개인들은 그 정보를 검토하고 잘못을 수정하도록 허락받아야 한다.
* 개인적 데이터를 수집하는 사람들은 개인적 데이터와 시스템의 보안성과 진실성을 보장해야 한다.

어떤 중립적 해결책과 더불어 경쟁하는 가치들은 가능한 한 충분히 존중되어야 한다. 이 경우에 그것은 그 해결책이 개인적 프라이버시를 보호하고 컴퓨터 데이터베이스가 기여할 수 있는 사회적 선을 증진시켜야 한다는 것을 의미한다. 즉 사익과 공익을 포함하는 공동선(common good)을 추구해야 한다는 것이다.

4 | 소프트웨어 보호

컴퓨터 프로그램들은 종종 시장에서 많은 돈의 가치를 지닌다. 그것들은 법적 보호를 받아야 하는가? 소유권과 지적 재산권과 관련된 몇 가지 개념적이고 도덕적인 쟁점들을 고려함으로써 이 문제에 접근해보자.

어떤 것을 소유한다는 것— 특히 소프트웨어의 일부를 소유한다는 것은 무엇을 의미하는가? 중심적인 생각은 만약 내가 어떤 것을 소유한다면 나는 그것의 사용을 통제할 수 있고 그 결과로서 내가 원한다면 다른 사람들이 그것을 사용하지 못하게 배제할 수 있다는 것이다. 내가 나의 차를 소유하고 있기 때문에 원한다면 나는 당신이 그것을 사용하지 못하게 당신을 배제할 수 있다. 나는 나의 차에 대해 당신에게 사용료를 부과할 권리를 가지고 있다. 그렇다면 무엇이 소프트웨어의 소유자에게 이와 유사한 자유 재량권을 부여하는 것을 정당화하는가? 하나의 정당화는 공리주의적 정당화인데 그것이 기술의 진보를 촉진시킨다는 것이다.

소프트웨어의 개발자에게 법적 보호를 부여하지 않는 것에 대한 규칙공리주의 논증이 있다는 것은 지적할 만한 가치가 있다. 일부 사람들은 소프트웨어가 자유로웠던 소프트웨어 개발 초기에 더 많은 혁신과 실험이 있었다고 주장한다. 법적보호를 부여하는 것 역시 가격을 높이기 쉽고 소프트웨어의 질을 낮출 수 있다. 왜냐하면 경쟁이 제한적이거나 감소되기 때문이다. 일반적으로 공리주의 주장들에 관해서 이러한 두 가지 주장들 가운데 어느 것이 옳은지는 해결하기 매우 어려운 사실적 고려사항에 의존한다.

또 다른 유형의 정당화는 인간존중 윤리와 더 자연스럽게 연결되어 있는 생각들에 호소하는 것이다. 우리는 그것을 노동 소유권론이라고 부를 수 있다. 이 관점은 우리가 소유하는 첫 번째 것이며 또 가장 중요한 것이 우리 자신의 몸이라는 생각들로 시작한다. 그러나 우리는 소유되지 않은 자연의 다른 사물들에 우리의 육체노동을 결합하며 게다가 그로 인해 그것들을 우리의 소유권으로 확립할 수 있다. 예를 들면 개척자가 소유자 없는 땅을 개간하여 거기에 곡식을 심는다면 그는 자신의 노동을 그 땅과 결합시켜 그것의 소유권을 주장할 수 있다. 마찬가지로 만약 어떤 사람이 과학과 논리의 기본 아이디어들과 같은 공통 재산인 어떤 기본 아이디어들에 자신의 지적 노동을 덧붙인다면 그는 그 프로그램의 소유권을 주장할 수 있다. 그는 자신의 노동을 아무도 소유하지 않은 재산과 결합하여 프로그램을 산출하였고 따라서 그 프로그램을 '소유한다'고 합법적으로 주장할 수 있다.

공리주의적 주장들과 인간 존중의 주장들은 모두 상당한 도덕적 힘을 지닌다. 헌법 내에 기초를 갖고 있기 때문에 공리주의적 주장들은 법적 논쟁들에서 두드러진다. 그러나 노동 소유권론에 기초한 논증은 대단히 직관적인 호소력 때문에 소유권에 관한 우리의 사고에 중요한 위치를 차지한다. 아마도 우리 대부분은 그 두 논증들을 결합할 것이다. 다른 사람들의 성과에 무임승차하는 것이 비교적 쉽고 혁신을 일으키는 데 상당한 비용과 노력이 수반된다면 우리 대부분은 아마도 소프트웨어의 개발자들이 몇 가지 이유로 인해 보호받을 가치가 있다고 결론을 내릴 것이다. 첫째, 기술혁신자가 자신의 작품에 대한 소유권을 주장하고 그것의 사용에 대한 보상을 요구할 수 있다는 사실을 알 때 기술 혁신은 사회에 대해 상당한 가치를 지니고 혁신은 아마도 자극을 받게 될 것이다. 둘째, 만약 소유자들이 일반적으로 그들 자신의 창조물을 다른 사람들이 사용하지 못하게 배제할 권리를 가진다고 우리가 믿는다면 이 권리는 소프트웨어로 확장되어야 하는 것처럼 보인다. 이제 이 보호가 어떻게 구현되어야 하는지에 대한 의문이 발생한다.

5 | 컴퓨터의 남용

컴퓨터의 남용은 인터넷을 통해서 사회적으로 비난받을 수 있는 행위를 하는 것으로 해킹과 바이러스 유포, 악성댓글, 음란물 유포 등의 비윤리적인 행위들이 이에 해당한다. 이러한 컴퓨터 남용은 다른 사람들에게 심각한 물질적·정신적 피해를 준다.

이와 같은 컴퓨터 남용을 줄이거나 예방하기 위해서는 사이버상의 비윤리적인 행위도 엄연한 범죄행위로 처벌을 받게 된다는 점을 분명하게 할 필요가 있다. 이를 통해 막연한 호기심이나 영웅 심리에서 사이버 범죄를 일으키는 것을 일부 줄일 수 있을 것이다. 또한 정보가 재화로 인정되는 정보사회에서는 그 정보를 손상시키거나 파괴하는 행위가 타인의 재산권을 침해하는 행위라는 것을 알려야 한다. 이러한 행위가 결국 사회 구성원들에 대한 신뢰를 근본적으로 뒤흔드는 비윤리적인 행위라는 점을 인식시켜야 한다. 이에 상응하는 사이버 윤리교육의 확대도 컴퓨터 남용의 피해를 줄이는 역할을 할 것이다. 컴퓨터 남용의 예 중에서 피해가 특히 심각한 것은 컴퓨터 해킹, 바이러스 유포, 악성댓글 등이다. 이러한 행위의 특징은 다음과 같다.

첫째, 사람의 태도이다. 태도는 단순한 부주의와 무시에서 다른 사람의 복지를 무시하는 무모한 행동, 의도적으로 해를 끼치려는 행동까지 이른다.

둘째, 실제로 입은 손해 정도이다. 손해 정도는 아무런 손상이 없는 것, 잠시 컴퓨터의 사용이 방해받는 것, 컴퓨터 기록이나 하드웨어 일부의 손상, 컴퓨터의 기록이나 하드웨어가 전혀 못쓰게 되는 것 등과 같이 다양하다. 또한 실제적인 손해와 더불어 그 피해를 복구하기 위하여 요구되는 시간 그리고 바이러스와 같은 악성 프로그램의 신뢰를 떨어뜨리고 제대로 받은 메일조차 믿을 수 없게 되어 필터링하는 소프트웨어를 설치하는 비용과 이러한 소프트웨어를 작동하는 데에 필요한 메모리 설치비용 등을 들 수 있다.

셋째, 복구의 난이도와 소요비용이다. 비용 측면에서 전혀 돈이 들지 않는 일시적인 장애의 경우, 약간 비용이 드는 경우, 상당히 많은 비용이 요구되는 경우 등으로 분류될 수 있다.

넷째, 행동의 사회적 가치이다. 컴퓨터 남용의 사회적 가치는 아주 큰 것부터 아무것도 아닌 것까지 있을 수 있다. 컴퓨터 해커들은 종종 자신들의 행동이 컴퓨터의 약점인 안전에 관한 결함을 찾아내기 때문에 사회적으로 가치를 가진다고 주장한다.

부록

국립직업공학인협회(NSPE: The National Society of Professional Engineers) 윤리헌장

서문(Preamble) :

공학업은 중요한 그리고 폭넓은 학업을 필요로 하는 직업이다. 이러한 직업의 소속인인 만큼, 공학인은 최고 수준의 정직성과 청렴함을 보여주리라고 기대한다. 공학인은 모든 사람들의 삶의 질에 직접적이고 지대한 영향을 미치고 있다. 따라서 공학인이 제공하는 서비스는 정직성, 공정성, 정당성, 그리고 형평성을 필요로 하며, 공공인의 건강, 안전, 그리고 복지의 유지에 헌신하여야 한다. 공학인은 윤리적 행위의 최고 원리들의 준수를 요구하는 직업적 행위의 기준 아래 행동해야만 한다.

기본 조항(Fundamental Canons) :

공학인은 자신의 직업적 의무를 이행함에 있어서 다음의 사항을 지킬 것이다.

1. 공공인의 안전, 건강과 복지를 최우선으로 간주한다.
2. 단지 자신의 권한/자격(competence) 영역에 속하는 일만을 맡아 한다.
3. 공적인 진술서(statement)는 객관적이고 진실되게 발행한다.
4. 고용인 혹은 고객에 대하여 각각 신뢰 있는 위탁인(agent) 혹은 수탁자(trustee)

로서 행동한다.

5. 사기 행위를 피한다.
6. 직업의 명예, 명성 그리고 실용성을 높이기 위해서 스스로 명예롭게, 책임지고, 윤리적으로, 그리고 합법적으로 행동한다.

실천 규칙(Rules of Practice) :

1. 공공의 안전과 건강 그리고 복지를 최우선으로 간주한다.

   a. 만약 공학인의 판단이 생명이나 재산을 위태롭게 하는 환경 때문에 억압을 받는다면, 자신의 고용주나 의뢰인, 그리고 적절하다고 생각되는 다른 기관에 통보하여야 한다.
   b. 공학인은 적용할 수 있는 표준과 일치하는 공학적 서류만을 승인해야 한다.
   c. 공학인은 법과 본 헌장이 인정하는 경우를 제외하고는 의뢰인 또는 고용주의 사전 동의 없이 사실, 데이터 또는 정보를 누설하지 말아야 한다.
   d. 공학인은 사기 혹은 부정직한 기업에 고용되어 있다고 의심되는, 어떤 개인 혹은 회사 소속의 비즈니스 벤처가 자신 또는 동료의 이름을 사용하도록 허락하지 말아야 한다.
   e. 공학인은 어떤 개인 혹은 회사의 불법적인 공학 업무를 돕거나 부추기지 말아야 한다.
   f. 본 헌장의 어떤 추정된 위반을 알게 된 공학인은 즉시 적절한 전문 집단에 보고해야 하며, 관련이 있다면 공공 기관에도 보고해야 하고, 정보 혹은 도움을 제공할 때 필요에 따라 적절한 기관들과 협력해야 한다.

2. 단지 자신의 권한/자격 영역에 속하는 일만을 맡아 한다.

   a. 공학인은 관련된 특수한 기술 분야의 교육 혹은 경험에 의해서 자격을 갖추었을 때에만 직무를 맡는다.
   b. 공학인은 자신의 능력이 부족한 주제를 다루는 어떠한 계획이나 서류에 서명을 하지 말아야 하고, 자신이 지시와 통제 하에서 준비되지 않은 어떠한 계획 혹은 서류에 대해서도 서명하지 말아야 한다.
   c. 공학인은 자격 있는 공학인들이 각각의 기술 부분들을 준비, 서명하고 보증했

을 경우에만 전체 프로젝트의 협력을 위해 직무를 받아들이고 책임을 맡는다.

3. 공적인 진술서는 객관적이고 진실되게 발행한다.

a. 공학인은 직업상 보고서, 진술, 혹은 증언에 있어 객관적이고 진실해야 한다. 공학인은 그러한 보고서, 진술 혹은 증언과 관련된 타당한 모든 정보를 포함시켜야 하고, 그것이 언제였는지를 보여주는 날짜를 포함시켜야 한다.
b. 공학인은 주제에 있어서 사실에 대한 지식과 능력에 근거해서 기술적 의견을 공식적으로 표명할 수 있다.
c. 공학인은 자신이 말하고 있는 해당 이해 당사자에 대해서 미리 분명하게 밝히지 않고 그 문제에서 공학인에게 생길 수 있는 어떤 이익의 존재를 미리 밝히지 않는다면, 이해 당사자가 발의했거나 지불한 기술 문제에 대해서 진술, 비평 혹은 논의를 하지 말아야 한다.

4. 고용인 혹은 고객에 대하여 각각 신뢰 있는 위탁인 혹은 수탁자로서 행동한다.

a. 공학인은 자신의 판단 혹은 일의 질에 영향을 미치거나 영향으로 나타날 수 있는 알려졌거나 가능한 모든 이해 갈등을 털어 놓아야 한다.
b. 모든 이해 당사자들이 상황을 완전하게 공개하지 않고, 동의하지 않는다면, 공학인은 같은 프로젝트에 대해서 혹은 같은 프로젝트와 관련된 일에 대해서 어느 한 집단 이상으로부터 금전적 혹은 그와 유사한 보상을 받지 말아야 한다.
c. 공학인은 자신이 책임을 맡고 있는 업무와 관련해서 외부 대리인으로부터 직간접적으로 금전적 혹은 다른 금전적 가치가 있는 대가를 요구하거나 받지 말아야 한다.
d. 정부나 준정부 집단 혹은 부서의 구성원, 고문 혹은 피고용인으로서 공공서비스에서 일하는 공학인은 자신이나 자신의 조직이 요구했거나 제공한 일과 관련해서 사적 혹은 공적인 공학 업무의 결정에 참여하지 말아야 한다.
e. 공학인은 자기 조직의 장이나 직원이 구성원으로 일하는 정부 기관으로부터 계약을 요구하거나 받지 말아야 한다.

5. 사기 행위를 피한다.

a. 공학인은 자신의 자격이나 자격증을 위조하거나, 자신 혹은 동료의 자격이나 자격증에 대한 거짓 진술을 허락하지 말아야 한다. 공학인은 이전 업무의 과제에서 또는 과제와 관련해서 자신의 책임을 거짓으로 설명하거나 과장하지 말아야 한다. 소책자 혹은 다른 고용 청구에 흔히 있는 발표문에 고용주, 피고용인, 동료, 합작 투자업체 혹은 과거 업적에 관한 관련 사실들을 거짓으로 설명하지 말아야 한다.

b. 공학인은 공공 기관의 계약 심사에 영향을 미칠 수 있거나 그 영향을 미칠 의도가 있다고 해석될 수 있는 기부금을 직간접적으로 제안, 제공, 요구하거나 받지 않는다. 공학인은 일을 보장하기 위해서 어떤 선물 혹은 다른 금전적 가치가 있는 대가를 제공하지 말아야 한다. 공학인은 자신이 고용한 성실한 피고용인 혹은 성실한 상설대리점이나 마케팅 대리인들을 제외하고는 일을 보장하기 위해서 구전, 수수료 혹은 중개료를 지불하지 말아야 한다.

직업적 의무(Professional Obligations) :

1. 공학인은 자신들의 모든 관계에서 최고의 정직과 성실의 모범으로 안내받아야 한다.

a. 공학인은 자신의 잘못을 인정하고, 사실을 왜곡하거나 변경하지 말아야 한다.

b. 공학인은 프로젝트가 성공하지 못하리라 믿을 경우 자신의 의뢰인 혹은 고용주에게 이를 알려야 한다.

c. 공학인은 자신의 정상업무나 이해관계를 손상하면서 외부 일을 수락하지 말아야 한다. 공학인은 어떤 외부 일을 수락하기 전에 자신의 고용주에게 이를 알려야 한다.

d. 공학인은 거짓 혹은 그릇된 구실로 다른 고용주로부터 공학인을 빼내려 하지 말아야 한다.

e. 공학인은 직업의 품위와 성실성을 해치면서 자기 자신의 이익을 증진시키지 말아야 한다.

2. 공학인은 언제나 공공의 이익에 기여하도록 노력해야 한다.

a. 공학인은 젊은이를 위한 경력 지도, 자신의 공동체의 안전, 건강, 복지를 증진시키기 위한 일 등의 공공업무에 참가할 기회를 갖고자 노력해야 한다.

b. 공학인은 적용할 수 있는 공학적 표준과 일치하지 않는 계획이나 명세서를 작성, 서명, 보증하지 말아야 한다. 만약 의뢰인과 고용주가 그러한 비직업적인 행위를 주장한다면, 공학인은 적절한 기관에 그것을 보고하고, 그 프로젝트에 대한 계속적인 일을 철회해야 한다.

c. 공학인은 공학과 공학적 성과에 대한 대중 지식과 평가를 넓히도록 노력해야 한다.

3. 공학인은 대중을 기만하는 모든 행위 혹은 업무를 피해야 한다.

a. 공학인은 사실에 대한 그릇된 물적 설명을 포함하고 있거나, 물적 사실을 생략하고 있는 진술의 사용을 피해야 한다.

b. 앞서 말한 것과 모순되지 않게 공학인은 인원 채용공고를 내야 한다.

c. 앞서 말한 것과 모순되지 않게 공학인은 설계 혹은 기술 잡지를 위한 글을 준비해야 한다. 하지만 다른 사람이 수행했던 일을 자신의 것이라고 그러한 글이 암시하지 않아야 한다.

4. 공학인은 자신이 일했거나 현재 일하고 있는 의뢰인, 고용주 혹은 공공기관과의 비즈니스 업무나 기술 공정에 관한 기밀 정보를 그들의 동의 없이 누설하지 말아야 한다.

a. 공학인은 특수한 전문지식을 얻은 특별한 프로젝트와 관련해서 모든 이해 당사자의 승인 없이 새로운 직업이나 업무를 얻으려 하거나 준비하지 말아야 한다.

b. 공학인은 이전의 의뢰인 혹은 고용주를 대신해서 특수한 전문지식을 얻은 특별한 프로젝트나 일련의 활동과 관련해서 모든 이해 당사자의 승인 없이 반대편 이익에 참여하거나 반대편 이익을 표현하지 말아야 한다.

5. 공학인은 자신의 직업적 의무에서 갈등 이해관계에 의해 영향을 받지 말아야 한다.

a. 공학인은 자신의 제품 세목에 필요한 재료나 장비 공급업자들로부터 무료의

공학적 설계를 포함한 금전적 혹은 다른 대가를 받지 말아야 한다.

b. 공학인은 자신의 책임 하에 있는 일과 관련해서 자신의 의뢰인 혹은 고용주와 거래하는 계약자나 다른 집단으로부터 직간접적으로 소개료 혹은 수당을 받지 말아야 한다.

6. 공학인은 다른 공학인을 부정직하게 비평함으로써 혹은 부적절하거나 의심스러운 방식으로 고용이나 승진 혹은 직무상 계약을 얻으려고 하지 말아야 한다.

a. 공학인은 자신의 판단이 타협될 수도 있는 환경 하에서 불확정 기준으로 수수료를 요구하거나 제안하거나 받지 말아야 한다.

b. 급료를 받는 공학인은 오직 고용주의 정책과 부합되는 범위에서, 그리고 윤리적 고려에 따라 시간제로 공학적 일을 수락한다.

c. 공학인은 외부의 사적인 일을 수행하기 위해 고용주의 장비, 지급품, 실험실 또는 사무실 시설을 고용주의 허락 없이 사용하지 말아야 한다.

7. 공학인은 다른 공학인의 직업적 명성, 전망, 업무 혹은 고용에 직간접적으로, 악의적으로 혹은 그릇되게 상처를 입히지 말아야 한다. 다른 공학인이 비윤리적이거나 불법적인 일로 죄를 짓고 있다고 믿는 공학인은 그 조치를 위해 적절한 기관에 그런 정보를 제공해야 한다.

a. 개인 일에 종사하는 공학인은 동일한 의뢰인에게 다른 공학인의 지식 이외에는 혹은 다른 공학인과 업무 연결이 끝나지 않았다면, 다른 공학인의 일을 평가하지 말아야 한다.

b. 정부나 기업 혹은 교육 기관에 종사하는 공학인은 자기의 고용 의무에 따라 요구를 받을 때 다른 공학인의 일을 검토하고 평가할 자격이 있다.

c. 판매나 기업에 종사하는 공학인은 견본 제품을 다른 공급자의 제품과 공학적으로 비교할 자격이 있다.

8. 공학인은 자신의 직업 활동에 대해서 개인 책임을 인정해야 한다. 단 공학인은 중대한 태만 이외의 다른, 자신의 업무에서 생긴 일에 대해서 면책을 구할 수 있고, 다른 경우라면 공학인의 이익은 보호받을 수 없다.

a. 공학인은 공학적 업무를 수행하면서 국가 등록법을 준수해야 한다.

b. 공학인은 비윤리적 행위에 대한 은폐수단으로 비공학인이나 법인체 혹은 협력업체와의 관계를 사용하지 말아야 한다.

9. 공학인은 자격이 마땅한 사람들에게 공학적 업무에 대한 자격을 주어야 하고, 다른 사람의 독점적 이익을 인정해야 한다.

a. 공학인은 가능하다면 언제든지 설계, 발명, 저작물 혹은 다른 성과물에 대해서 개인적으로 책임 있는 사람 혹은 사람들의 이름을 밝혀야 한다.
b. 의뢰인이 제공한 설계를 사용하는 공학인은 그 설계가 의뢰인의 재산이고 허락 표시 없이 다른 사람을 위해서 그것을 복사할 수 없다는 것을 인정해야 한다.
c. 공학인은 다른 사람을 위해 일을 맡기 전에 자신이 저작권 혹은 특허권 주장이 가능한 개선, 계획, 설계, 발명 혹은 다른 기록들을 가질 수 있는 것과 관련해서 소유권에 대한 명확한 협약을 맺어야 한다.
d. 고용주의 일과 독점적으로 관련된 공학인의 설계, 데이터, 기록, 메모는 고용주의 재산이다. 고용주가 원래의 목적 이외에 다른 목적으로 그 정보를 사용하기 위해서는 공학인에게 그에 대해 보상해야 한다.
e. 공학인은 자신의 경력을 통해서 직업적 개발을 계속해야 하고, 직업적 업무에 종사하면서 지속적으로 교육 과정에 참가하고, 기술문헌을 읽고, 전문 모임과 세미나에 참석함으로써 자신의 전공분야에서 흐름을 유지해야 한다.

-2003년 1월 개정-

| 참고문헌 |

권혁길, 『공학윤리』, 인간사랑, 2007.

김대군 편저, 『공학윤리』, 형설출판사, 2005.

김용섭, 『응용윤리로서의 공학윤리』, 학진출판사, 2005.

김유신 외, 『과학과 공학윤리』, 학술정보, 2004.

김정식, 『공학기술윤리학』, 인터비젼, 2004.

김진 외 10명, 『공학윤리』, 철학과 현실사, 2004.

배원병 외 3인, 『공학윤리』, 북스힐, 2006.

양해림 외 3인, 『과학기술시대의 공학윤리』, 철학과현실사, 2006.

유네스코 한국위원회 편, 『과학연구윤리』, 당대, 2001.

이대식 외, 『공학윤리』, 인터비젼, 2003.

이창림, 『의사결정과 공학윤리』, 구미서관, 2004.

조효남, 『현대공학윤리』, 구미서관, 2008.

최병갑, 『하이테크 시대의 공학윤리』, 비즈프레스, 2007.

Baura, Gail Dawn., *Engineering Ethics*, Academic Pr, 2006.

Catalano, George D., *Engineering Ethics*, Morgan & Claypool, 2006.

Charles B. Fleddermann., *Engineering Ethics*, Prentice Hall, 1999.

Charles E. Harris. Jr, Michael S. Pritchard, and Michael J. Rabins., *Engineering Ethics*; Concepts and Cases, Wadsworth Publishing; 3 edition, 1995(『과학과 공학윤리』, 김유신 외 7인 공역, 북스힐, 2006).

Herkert, J. R., *Social, Ethical and Policy Implications of Engineering*, New York: IEEE Press, 2000.

Johnson, Deborah G. ed., 『엔지니어 윤리학』, 이태식·위성륜·송옥환 역, 동명사, 1999.

Mike W. Martin & Roland Schinzinger, *Ethics in Engineering*, McGraw-Hill Science/Engineering/Math; 4 edition, 2004.

Spier, Raymond H., 『공학윤리: 윤리, 도구 그리고 공학자』, 정우영 외 역, ITC, 2006.

| 저자 약력 |

이 대 희

현재 안동대학교 사범대학 윤리교육과 교수로 재직 중이다.
한국윤리교육학회 편집이사/한국동서철학연구소 감사/ 새한철학회 이사/대한철학회 운영위원/범한철학회 운영위원을 맡고 있다. 영남대학교 문과대학 철학과를 졸업하고 동대학원에서 「G. Ryle의 마음의 철학에 관한 연구」란 논문으로 철학박사 학위를 받았다(1990). 대구·경북 국민윤리학회 총무이사/ 새한철학회 총무이사를 역임하였다.

저서

『인간론강의』(중외출판사, 2000)
『가치론의 문제와 역사』(정림사, 2001)
『응용윤리학의 제문제』(형설출판사, 2001)
『서양 근세 윤리학』(공저, 형설출판사, 2002)
『서양 고·중세 윤리학』(공저, 중외출판사, 2003)
『논리학의 이해』(공저, 세종출판사, 2003)
『기초윤리학』(정림사, 2003)
『현대윤리학』(세종출판사, 2004)
『현대철학』(공저, 중외출판사, 2004)
『인간·철학·윤리』(공저, 세종출판사, 2006)
『논리와 논술』(공저, 학진출판사, 2008) 등이 있다.

이 재 승

영남대학교 문과대학 철학과를 졸업하고 동대학원에서 「비트겐슈타인 언어철학의 실천적 측면에 관한 연구」란 논문으로 철학박사 학위를 받았다(2005년).
현재 영남대학교, 안동대학교, 경북대학교에 출강하고 있다.

저서 및 논문

『논리와 논술』(공저, 학진출판사, 2008)
「비트겐슈타인의 삶의 형식에 관한 고찰」(한국동서철학연구소, 『인간과 사상』 제17집, 2005)
「비트겐슈타인과 소쉬르-랑그 언어학의 한계와 실천적 언어게임」(새한철학회, 『철학논총』 제44집, 2006)

정 영 준

영남대학교 문과대학 철학과를 졸업하고 동대학원에서 「J. Rawls의 정의론에 관한 연구」란 논문으로 철학박사 학위를 받았다(1999년).
현재 영남대학교, 창원대학교, 안동대학교에 출강하고 있다.

저서 및 논문

『성과 사랑의 자리』(담론사, 2000)
『근대 한국철학 형성의 풍경과 지형도』(공저, 학진출판사, 2007)
『근대 한국철학 형성의 언설공간』(공저, 학진출판사, 2008)
「남녀 성차에 관한 비판적 음미」, 「정의와 실용주의적 해석」, 「소유와 분배에 관한 자유주의자들의 논쟁」, 「사이버시대의 공학윤리에 관한 고찰」 외 다수의 논문이 있다.

공학윤리 값17,000원

2008년 9월 3일 초판발행
2010년 9월 17일 제3쇄
2020년 3월 10일 제4쇄
2023년 3월 10일 제5쇄

지은이 이 대 희 外
발행인 김 혜 숙
발행처 **새문사**
등록번호 제2018-000259호(1977. 9. 19)

주소 : 서울시 서초구 강남대로 309, 코리아비지니스센터 1611호
전화 : (02)715-7232 Fax : (02)715-7235
E-mail : hmgbp@hanmail.net
Website : www.saemoonbook.com
ISBN : 89-7411-223-X (93190)